몸은, 제멋대로 한다

일러두기

1   본문의 각주는 옮긴이 주이며 미주 중 '옮긴이 주'라고 표기한 것 외에는 전부 지
    은이 주입니다.

2   이 책에 등장하는 연구자의 발언은 특별한 언급이 없는 경우 지은이가 온라인 또
    는 대면으로 여러 차례 진행한 인터뷰에서 연구자가 했던 말입니다.

3   외래어는 국립국어원 외래어 표기법을 준수하되, 일부는 일상에서 널리 쓰이는
    표기를 따랐습니다.

4   본문에 언급되는 도서 중 한국에 번역 출간된 도서는 한국어판 서지 정보를 수록
    했습니다.

몸은,
제멋대로
한다

'할 수 있다'의 과학

이토 아사 지음
김영현 옮김

다다
서재

차
례

프롤로그—'할 수 있게 되다'의 불가사의 ×××× 06

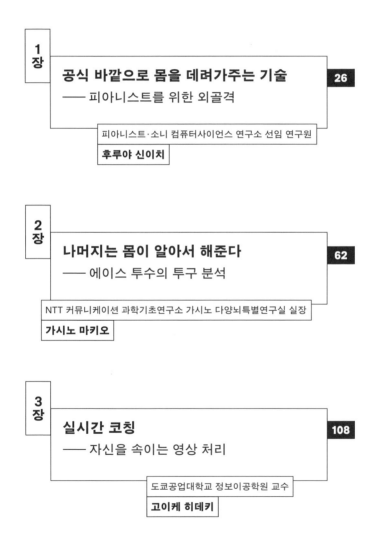

1장

공식 바깥으로 몸을 데려가주는 기술 **26**

—— 피아니스트를 위한 외골격

피아니스트·소니 컴퓨터사이언스 연구소 선임 연구원

후루야 신이치

2장

나머지는 몸이 알아서 해준다 **62**

—— 에이스 투수의 투구 분석

NTT 커뮤니케이션 과학기초연구소 가시노 다양뇌특별연구실 실장

가시노 마키오

3장

실시간 코칭 **108**

—— 자신을 속이는 영상 처리

도쿄공업대학교 정보이공학원 교수

고이케 히데키

4장

의식을 덮어쓰는 BMI

—— 가짜 꼬리의 뇌과학

158

게이오기주쿠대학교 이공학부 생명정보학과 교수

우시바 준이치

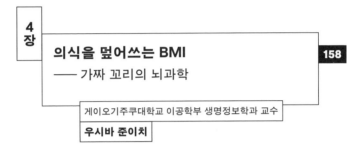

5장

'나'와 '내가 아닌 것' 사이의 회색 지대

—— 몸과 몸을 이어주는 목소리

206

도쿄대학교 대학원 정보학환 교수

레키모토 준이치

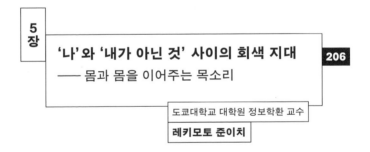

에필로그—능력주의에서 '할 수 있음'을 되찾다 ×××× 248

미주 ×××× 254

프롤로그———
'할 수 있게 되다'의
불가사의

앞서가는 몸

사람의 몸이란 현실적인 것의 대표로 여겨지곤 합니다.

코로나 팬데믹으로 온라인 회의와 수업이 단숨에 보급되었을 때도 종종 다음과 같은 불만을 들었습니다.

"편리하긴 한데, '신체성'이 없다니까….'

얼굴을 맞대는 소통에는 있지만, 온라인 소통에는 없는 것. 그 차이를 많은 사람들이 직감적으로 '신체성'이라 부른 것입니다. 온라인 소통에서 무언가 부족하다 느끼는 것은 그곳에 살아 있는 육체가 없기 때문이라고 말이지요.

그런데 정말로 그럴까요?

몸은 우리가 생각하는 만큼 '현실적'인 것일까요?

예를 들어, 주식회사 이마크리에이트イマクリエイト가 개발한 제품 중에 '켄다마けん玉● 해냈다! VR'이라는 것이 있습니다. 그 이름대로 가상 현실VR, virtual reality을 활용해서 켄다마를 연습하는 것이죠.

구조는 매우 단순합니다. 컨트롤러를 손에 잡고 헤드마운티드 디스플레이Head-mounted display, 이후 HMD●●를 머리에 쓰면 가상 공간에

● 일본의 전통 장난감. 망치처럼 생긴 본체와 공이 실로 연결되어 있으며, 공을 공중으로 던졌다 받아내며 노는 장난감이다. 인기가 많지만 숙달하기 어려운 장난감으로 유명하다.

●● 헬멧이나 고글처럼 생긴 영상 출력 장치로 이용자가 머리 부분에 장착하면 바로 눈앞에서 나타나는 화면을 볼 수 있다. 2010년대 들어 가상현실 기술과 함께 발전하고 있다.

서 켄다마를 할 수 있습니다. 현실 공간과 다른 점은 공이 움직이는 속도가 실제보다 훨씬 느리다는 것입니다. 느릿느릿 움직이는 공으로 켄다마를 연습할 수 있는 것이죠.

연습의 효과는 경이적입니다. 실제로 그 시스템을 체험한 1128명 중 96.4퍼센트에 달하는 1087명이 기술을 습득했습니다. 기술 습득에 걸린 시간은 겨우 5분 정도. 가상 공간에서 조금 연습했을 뿐인데 현실 공간에서도 켄다마를 할 수 있게 된 것입니다.

이마크리에이트의 홈페이지에서는 가상 공간에서 연습한 어르신이 현실에서 켄다마 기술을 성공하고는 기뻐하며 손뼉 치는 모습을 볼 수 있습니다.[1]

'가상 공간에서 장난감을 갖고 노는 느낌을 체험할 수 있다.' 이거라면 이해할 수 있습니다. 그건 책이나 영화를 통해 일상을 잊고 흥미로운 이야기의 세계로 몰입하는 것과 구조적으로 같은 일이니까요.

그런데 '켄다마 해냈다! VR'에서 벌어진 것은 이야기에 몰입하는 것과 전혀 다른 일입니다. '켄다마를 하는 느낌을 체험한다'는 것에 그쳤다면 그 경험의 본질은 '현실다움'에 지나지 않았을 것입니다. 하지만 '켄다마 해냈다! VR'에서는 '할 수 있게 되었다.'라는 몸의 변화가 '현실'에서 일어났습니다. 비유하면 가상 공간에서 케이크를 먹었을 뿐인데

배가 부른 데다 체중까지 늘어난 셈이죠.

물리법칙에 얽매인 지구상의 현실 공간과 기술로 만들어진 가상 공간. 언어를 사용해 표현하면 두 공간을 구별하기란 무척 간단합니다. 하지만 '켄다마 해냈다! VR'은 우리에게 다른 관점을 보여주었습니다. 몸으로 보면 두 공간의 구별이 그리 뚜렷하지 않다는 것을.

가상 공간에서 체험한 것이 아무리 현실에서 '불가능했던' 일이라고 해도 전혀 어려움 없이 '경험치'로 쌓여서 현실 공간에서 하는 우리의 행동에 변화를 일으켰습니다. 심지어 머리가 '현실이 아니다.'라고 아는데도 몸은 그것을 '진짜'로 삼고 맙니다.

이 사례에서 엿볼 수 있는 것은 우리가 아무리 의식적으로 '현실'과 '가상' 사이에 진한 선을 그어도 몸은 그 경계선을 쉽사리 넘나든다는 것입니다. 몸은 우리 생각보다 훨씬 자유분방합니다. 몸은 '뭐? 그런 것도 한다고?'라고 놀랄 만한 일을 잔뜩 벌입니다. 몸은 '현실적인 것'이라고 단언할 수 있을 만큼 단단하지 않습니다. 몸은 대체로 우리가 의식적으로 이해하는 것보다 훨씬 앞서 나갑니다.

몸의 '자유분방함'은 때때로 위험해 보이기도 합니다. 왜냐하면, 현실과 가상을 구별하지 못한다는 말은 바로 '속고 있다'는 뜻이기 때문입니다. 머리는 현실이 아니라고 아는데도, 몸은 무심결에 현실로 받아들입니다. 어떤 의미로 몸은 무척이나 '느슨한' 것입니다.

그렇지만 그 느슨함이 몸으로 개입할 가능성을 만들어냅니다. 만약 몸이 빈틈없이 단단한 것이었다면, '켄다마 해냈다! VR' 같은 기술을 이용해서 몸의 상태를 바꾸는 것은 불가능했겠죠. '몸은, 제멋대로 한다.' 몸의 느슨함이 반대로 몸의 가능성을 넓혀준다고도 할 수 있습니다.

느슨함이 돌봄을 가능하게 한다

몸이 느슨한 것이기에 몸으로 개입할 가능성이 생겨난다. 병이나 장애 당사자에게 그 개입 가능성은 그대로 돌봄 가능성을 뜻합니다. 몸에 느슨함이 있기 때문에 기술이나 타인의 힘을 빌려서 '생각지도 못했던 곳'으로 나아갈 수 있는 것이죠. 그것은 당사자에게 희망 그 자체입니다.

이를테면 앞선 예처럼 VR 기술을 이용해서 이미 없어진 팔다리의 고통, 즉, 헛팔다리 통증을 완화하는 시도도 이뤄지고 있습니다. (이에 관해서는 졸저 『기억하는 몸』[2]에 자세히 적었기에 이 책에서는 간단하게 다루겠습니다.)

헛팔다리란, 사고와 병 때문에 팔다리 등 몸의 일부가 절단되거나 마비된 사람이 이미 없어진 팔다리, 혹은 아무

것도 느끼지 못하는 팔다리를 생생하게 느끼는 현상입니다.

바닥에서 뒹구는데 환상 속의 팔이 바닥을 뚫거나, 전철에서 자리에 앉았는데 앞에 서 있는 사람이 환상 속의 다리를 찌르거나… 그야말로 몸의 자유분방함을 상징하는 현상이죠.

문제는 이 환상 속의 수족이 이따금씩 강한 고통으로 느껴지는 것입니다. 고통의 강도는 일정하지 않은데, 저기압이 다가오면 통증이 심해지는 사람이 많습니다. 그 감각이 얼마나 민감한지, 필리핀 인근 바다에서 태풍이 발생한 것을 오사카에서 알 수 있다고 하는 사람도 있습니다.

이 헛팔다리 통증, 그중에서도 팔 쪽의 통증을 완화하는 방법으로 VR 기술이 활용되고 있습니다. 모든 사람들에게 효과적인 방법은 아니지만, 잘 맞는 환자의 경우에는 수십 년 동안 괴롭혔던 통증에서 해방되었다는 사람도 있습니다.

환자가 가상 공간에서 보는 것은 합성된 '자신의 손'입니다. 건강한 팔의 움직임을 포착하고 그걸 반전시켜서 양손이 움직이는 듯이 보여주는 것이죠. 그렇기에 가상 공간에서 보이는 팔의 움직임은 언제나 좌우 대칭입니다. 실제로 움직이는 것은 건강한 팔뿐이지만, 공을 잡으면 마치 양손으로 공을 붙잡은 듯이 보입니다. 그런 가상의 팔을 지켜

보는 사이에 통증은 싹 사라집니다.

헛팔다리 통증은 뇌의 명령대로 수족이 움직이지 않는 것에서 기인하는 현상이라고 여겨지고 있습니다. 그런데 VR을 통해 살아 있는 몸과 생김새도 많이 다른 가상의 손(마치 봉제 인형처럼 간소하게 생겼습니다)을 '자신의 손'이라고 인식했고, 그 결과 통증이 사라졌다고 볼 수 있습니다. 당사자는 '아아, 양손이 있는 건 이런 느낌이었지.'라며 반가움을 느꼈다고 합니다.

가상 공간에서 일어난 일인데, 심지어 당사자도 그 일이 현실이 아니라고 자각하는데, 통증이라는 살아 있는 몸의 감각에 변화가 일어났습니다. 켄다마 연습처럼 효과가 영구히 지속되지는 않지만, 헛팔다리 통증의 완화 역시 HMD를 벗은 뒤에도 한동안 효과가 이어진다고 합니다. 즉, 통증이 없어진다는 말이죠. 가상 공간에서 경험한 '양손이 있다'는 느낌이 '손이 없다' 혹은 '손이 움직이지 않는다'는 머리로 이해하는 사실을 뛰어넘어 남아 있는 것입니다.

기능 습득의 역설

이 책의 주제는 기술과 신체의 관계에 대해 생각해보는 것입니다. 그러기 위해 현재 이공계에서 진행 중인 연구의 성과를 참조하면서 '기술의 힘을 빌려 무언가를 할 수 있게 된다.'라는 경험에 주목하려 합니다.

기술과 신체의 관계라는 주제는 오늘날 '고전'에 속한다고 해도 무방할 것입니다.

몇 년 전에 세계적 베스트셀러가 된 유발 하라리Yuval Harari의 『호모 데우스』[3]는 충격적인 미래 예측과 함께 그런 문제를 다룬 책이었죠. 그 책 외에도 인공지능 보급이 인간의 노동에 미치는 영향과 생명공학에 내포된 윤리적 문제 등은 오랫동안 뜨거운 감자였고, 화성 이주 계획과 인공와우로 자신을 사이보그화한 당사자 등 예전이라면 SF에서나 접했을 법한 기술을 둘러싼 논의도 활발히 이뤄지고 있습니다.

기술과 신체의 관계에서 '무언가를 할 수 있게 되는' 변화에 주목하는 것은 그리 참신한 전략이 아닐 수도 있습니다. 생명공학으로 아이를 태어나기 전에 '선별할 수 있게 되다'. 인공와우로 듣지 못했던 소리를 '들을 수 있게 되다'. 지금까지 기술은 인간의 욕망에 부응해서 '할 수 있는 일'을 늘리는 수단이라고 당연한 듯이 여겨졌기 때문입니다.

그렇지만 이 책은 '기술과 신체의 관계'라는 고전적인 문제를 다루면서도 그와 동시에 '할 수 있게 되다.'라는 매우 흔한 상황에 주목하여 지금까지와 조금 다른 관점에서 생각해보려 합니다.

조금 다른 관점이란 무엇인가. 간단히 말해 '몸의 입장에서 논하겠다'는 것입니다. 흔히 첨단 기술과 관련한 문제들은 '사회적 영향'이나 '인간적 가치에 대한 도전' 같은 거시적인 관점에서 논해지지만, 이 책에서는 하나하나 개별적인 몸의 경험이라는 미시적인 관점에서 논해보고 싶습니다. 말이 좀 이상할지 모르지만 '몸의 입장에서 생각하겠다'는 것입니다.

애초에 '할 수 없던 일을 할 수 있게 되다.'라는 변화는 몸의 입장에서 무척 불가사의한 사건입니다. 앞서 살펴본 켄다마와 헛팔다리 통증은 모두 VR이라는 기술의 지원 덕분에 '할 수 없던 일을 할 수 있게 된' 사례였지요. 하지만 기술의 개입을 제외해도 '할 수 없던 일을 할 수 있게 되는' 경험에는 본질적으로 마법 같은 신비로움이 숨어 있습니다.

결론부터 말하면, 우리는 **자신의 몸을 완전히 제어할 수 없기 때문에 비로소 새로운 일을 할 수 있게 되는 것입니다.**

무슨 말일까요.

반대로 가정해보죠. 만약 우리가 자신의 몸을 완전히 제어할 수 있다면, 즉, 몸이 완벽하게 의식의 지배에 놓여 있다면, 어떨까요?

그렇게 가정하면, 잘하려고 생각해도 해내지 못하는

것은 의식하는 방식이 잘못되었기 때문이라고 진단할 수 있습니다. 여기서 대두되는 문제가 있으니, 한 번도 하지 않았던 일은 아예 의식부터 할 수 없다는 것입니다. 스케이트를 신고 4회전 점프를 해본 적 없는 사람은 4회전 점프가 어떤 느낌인지 상상조차 할 수 없는 것과 마찬가지입니다. 정리하면 다음과 같습니다.

① '할 수 없다 → 할 수 있다'라는 변화를 일으키려면 지금까지 해본 적 없는 방식으로 몸을 움직여야 한다.
② 그러기 위해서는 의식이 올바른 방식으로 몸에 명령을 내려야 한다.
③ 그렇지만 한 번도 해본 적이 없기에 의식은 그 움직임을 올바르게 떠올릴 수 없다.
④ 의식이 올바르게 떠올릴 수 없기에 몸은 그 움직임을 실행할 수 없다.

이처럼 출구가 없는 미로에 갇히고 마는 것입니다. 의식이 몸을 완전히 지배한다고 가정하는 이상 우리는 영원히 새로운 기능을 습득할 수 없게 됩니다.
이것이 '기능 습득의 역설'입니다.

기술과 함께라면 '미지의 영역'으로 갈 수 있다

현실의 우리는 성장하는 과정에서 수많은 일들을 '할 수 있게 되었습니다'. 걷기도 말하기도 쓰기도 때리기도, 전부 처음에는 할 수 없었던 행동입니다. 하지만 전부 어느새 '할 수 있는 일'로 변했지요.

다시 말해, '의식이 몸을 완전히 지배한다.'라는 가설은 처음부터 틀린 것입니다. 실제로 우리의 의식은 자신의 몸을 완전히 제어하지 못합니다. 그리고 **그렇기 때문에** 우리는 새로운 일을 습득할 수 있습니다.

'할 수 없는 일은 의식할 수 없다'는 딜레마를 뛰어넘는 도약. 그 도약을 가능하게 하는 것은 바로 켄다마와 헛팔다리 통증의 사례에서 보았던 몸의 '느슨함'입니다. 몸에 느슨한 구석이 있으니까 의식의 허를 찔러서 '나도 모르게 해버렸네.'라고 말할 수 있는 가능성이 생겨나는 것입니다. 몸은 의식을 추월해서 '앞서갑니다'. 즉, 딜레마를 뛰어넘을 수 있는 것이죠. 몸은 매일매일 미지의 영역으로 뛰어드는 도약을 하고 있습니다.

'할 수 없던 일을 할 수 있게 된다'는 경험은 단적으로 말해 의식이 몸에 추월을 당하는 것입니다. 즉, '할 수 있게 된다'는 경험 속에 이미 '패배'가 포함되어 있습니다.

몸이 급작스레 할 수 있게 된 다음에야 의식은 '아아,

미지의 영역이기에 손이 닿는다.

뭐야, 이런 거였구나.' 하고 이해합니다. 앞으로 구체적인 사례를 통해 살펴보겠지만, 몸이 어려웠던 일을 할 수 있게 될 때 의식은 한발 늦게 따라옵니다.

이처럼 이 책에서는 '할 수 없던 일을 할 수 있게 되는' 경험을 '몸의 자유분방함이 드러난 것'으로 인식하며 그에 주목합니다. 일반적으로 '할 수 없던 일을 할 수 있게 되는' 경험은 의식적인 노력 끝에 쟁취하는 성과로 여겨질 때가 많습니다. 하지만 미시적으로 들여다보면 그 경험에는 몸이 의식에서 자유로워지고, 의식을 추월하는 순간이 있습니다.

다만, 그렇다고 해서 의식적인 노력이 무의미하다는 말은 아닙니다. 기초적인 연습을 반복하며 '이렇게도 아니고, 저렇게도 아니야.' 하는 시행착오를 쌓아야 몸이 지닌 가능성을 시험해볼 수 있고, 그래야 잘할 수 있는 방법을 불현듯 찾을 수 있습니다. 또한 음악의 악보 해석과 운동 경기의 규칙 숙지는 가능성의 영역을 좁히기도 하고 넓히기도 할 것입니다. 상대가 찾아오길 기다릴 수밖에 없다 해도, 내가 상대를 찾아 헤매는 노력이 쓸데없는 짓은 아닙니다. 이것이 무언가를 숙달하는 과정의 어려운 점이기도 하고, 재미있는 점이기도 하죠.

기술이 개입하는 건 바로 그 순간입니다. 의식이 속수무책인 순간에도 기술은 개입할 수 있습니다. 그리고 기술은 새로운 몸의 가능성을 끌어냅니다.

'무언가를 할 수 있게 되는' 장면에 주목하여 기술과 인간의 관계를 생각하는 것이란 의식의 지배에서 벗어난 몸이 직접 기술과 만나는 방식을 탐구하는 것입니다. 의식과는 함께 나아갈 수 없는 몸도 기술과는 함께할 수 있습니다. 그런 위태로움까지 내포한 몸의 자유분방함을 탐구하겠습니다.

이공계 연구자와 함께 고찰하다

앞서 쓴 대로 이 책에서는 현재 진행 중인 연구들의 성과를 단서 삼아 기술과 신체의 관계를 고찰할 것입니다. 구체적으로는 다섯 명의 과학자 및 공학자와 나눈 대화를 통해 탐구해보려 합니다.

1장에 등장하는 사람은 소니 컴퓨터사이언스 연구소의 후루야 신이치古屋晋一 씨. 후루야 씨의 연구는 피아니스트가 협력자이자 대상자입니다. 피아니스트들은 '이렇게 하면 좋은 결과가 나온다.'라는 믿음에 사로잡힐 때가 종종 있습니다. 그런 믿음 바깥으로 몸을 데려가주는 기술의 가능성에 관해 생각해보려 합니다.

2장에서 함께하는 사람은 NTT 커뮤니케이션 과학기

초연구소의 가시노 마키오柏野牧夫 씨. 그가 전 프로야구 투수인 구와타 마스미桑田真澄의 투구 자세를 분석하며 목격한 것은 '정밀 기계'처럼 제구력이 좋다는 인상과 거리가 먼, 공을 던질 때마다 흔들리는 자세였습니다. '몸이 멋대로 문제를 해결하기' 때문에 그때그때 환경에 적응할 수 있는 일류 운동선수의 세계를 엿볼 것입니다.

3장에서는 도쿄공업대학교 정보이공학원의 고이케 히데키小池英樹 씨가 등장합니다. 시합이 끝난 뒤에 '그때 그 점이 잘못되었어.'라고 조언을 들어봤자 소용없다며 '실시간 코칭'을 추구하는 고이케 씨는 영상 합성 기술을 활용해서 시합 중에 몸의 움직임을 데이터화하고 '경기를 뛰는 동시에 배우는' 공간을 만들어냅니다.

4장에서는 게이오기주쿠대학교 이공학부의 우시바 준이치牛場潤一 씨가 진행하는 연구를 살펴봅니다. BMIbrain-machine interface 기술을 활용해서 기계와 사람을 연결하는 우시바 씨는 공학과 의학의 가교 역할을 하고 있습니다. 마비된 손을 움직이기 위해 새로운 신경 경로를 찾는 뇌졸중 환자에게 어떻게 하면 외부에서 도움을 줄 수 있을까요? '존재하지 않는 꼬리 흔들기' 실험에 그 단서가 있습니다.

5장에 등장하는 사람은 도쿄대학교 대학원 정보학환情報学環●의 레키모토 준이치暦本純一 씨. 그는 '소리 내지 않고 말

하기' 등 일종의 인터페이스로서 목
소리의 가능성에 주목합니다. '꾸욱
힘을 모았다가 한 번에 확!' 같은 예
처럼 목소리는 자신이 할 줄 아는
것을 타인에게 전달하는 과정에서
도 중요한 요소입니다. 기술이 새롭
게 열어젖힌 '나'와 '내가 아닌 것' 사이의 회색 지대에 관해
살펴보겠습니다.

●

'학환(学環)'은 도쿄대학교 대학원
에서 '연구소'라는 명칭을 대체하
기 위해 만들어낸 말로 '수많은 학
문(学)을 둥근 고리(環)처럼 엮는
다'는 의미다.

　　이 책에 등장하는 다섯 명의 연구자들은 원고를 쓰기
위해 처음 연락한 사람들이 아닙니다. 제가 전부터 관계를
맺으며 많은 자극을 받아온 사람들이죠.

　　후루야 씨, 고이케 씨, 우시바 씨, 레키모토 씨는 2017년
부터 이어지고 있는 공동 연구의 동료들입니다. 고이케 씨
가 리더를 맡고 진행해온 그 연구는 기능 습득에 관한 것으
로 저는 유일한 인문사회계 연구자로 참여하고 있지요.

　　가시노 씨와는 2021년에 대담할 기회가 있었고, 그 뒤
에도 교류를 계속하고 있습니다. 대담 때 나눈 이야기가 정
말 재미있었고, 운동선수의 움직임과 감각에 주목하는 그의
관점은 공동 연구에 없는 점을 보완해주었습니다.

'할 수 있다 = 뛰어나다' 라는 인식을 뛰어넘어

솔직히 고백하면, 공동 연구에 참가하기 시작했을 때 저는 '할 수 있다'를 탐구하는 것에 별로 관심이 없었습니다. 오랫동안 장애나 질병과 함께 살아가는 분들의 신체 감각을 조사하고 연구한 저는 오히려 '할 수 없다'에서 비롯되는 가능성과 질병과 장애 당사자들이 자신의 몸과 함께 살기 위해 고안해내는 방편을 흥미로워했기 때문입니다.

흔히 '할 수 있다'와 '할 수 없다'에는 '할 수 있다 = 뛰어나다' 그리고 '할 수 없다 = 열등하다'라는 가치 판단이 내려지고는 합니다. '할 수 있다'가 도전의 기회와 탐색의 가능성을 만들어낸다는 점에서는 그런 가치 판단이 유효할 수도 있겠죠.

그렇지만 그와 동시에 생산성만으로 사람을 평가하는 능력주의를 사회에 만연하게 하거나 다수자들이 자신들의 기준을 소수자에게도 강요할 위험성 역시 내포하고 있습니다. '할 수 있다'와 '할 수 없다'에는 그저 차이에 불과한 것에 가치 판단을 끌어들여 다양한 개성을 지닌 사람들을 하나의 기준으로 줄 세우는 강제적인 힘이 있는 것입니다.

그렇기 때문에 저는 지금까지 장애나 질병과 함께 살아가는 분들로부터 '할 수 없는 것의 가치'를 배워서 그러한 이분법을 상대화하려고 노력했습니다. 그분들의 이야기에는 우리의 상상을 아득히 뛰어넘는 몸의 가능성과 합리적으로는 설명하기 어려운 개개인의 고유성이 가득했습니다.

그런데 이공계 연구자들과 함께 연구하면서 저는 '할 수 있다'도 꽤 재미있다고 생각하게 되었습니다. 공동 연구에서 제 눈앞에 펼쳐진 것이 실은 제가 '할 수 없다'를 매개로 찾으려 했던 '생각대로 되지 않기에 생겨나는 가능성'과 같은 것이었기 때문입니다. 앞서 적었듯이 '할 수 있게 되는' 과정 속에 패배가 있었던 것이죠.

자세한 이야기는 본문으로 양보하고, 제가 이와 같은 관점을 지닐 수 있었던 것은 이 책에 등장하는 연구자들이 옛날 스포츠 만화에 나올 법한 '어떻게든 할 수 있게 되자.'와는 다른 방향을 공학으로 목표했기 때문일 것입니다. '할 수 있는 것'을 단순히 '몸을 생각대로 제어하는 것'이라 정의할 수 있을 만큼 몸은 단순하지 않습니다. 이제부터 등장할 연구자들은 모두 근간에 '대상을 제어하는 것'을 가장 우선하는 공학이라는 학문이 있음에도 인간의 몸이 지닌 끝 모를 가능성과 복잡함에 마음 가득 경의를 품고 있습니다.

그와 더불어 이 책에서는 연구자들의 연구 내용뿐 아니라 한 사람 한 사람의 개성도 언급합니다. 왜냐하면 한 사람의 신체관은 그 사람이 어떤 경험을 했는지 무엇을 좋아하는지 같은 개인적 배경과 밀접한 관련이 있기 때문입니다.

두말할 것도 없지만 학술 논문에는 그러한 '배경'에 해당하는 내용이 담기지 않습니다. 특히 이공계의 논문에서는 '누가 언제 어디서 실험해도 같은 결과가 나온다.'라는 재현성이 중요하기에 개인적인 내용은 지워야 하는 군더더기로 치부되기 십상이죠.

그렇지만 인문사회계 연구자의 입장에서 보면 논문에 쓰이지 않는 부분에야말로 중요한 단서가 있습니다. 특히 신체에 관한 연구는 모든 사람이 자신의 몸을 쓰면서 자기 나름 신체관을 정립하고 그 신체관에 기초해 연구자로서 가설을 세우기 때문에 더욱 개인적인 배경이 중요합니다.

그러한 이공계와 인문사회계 사이의 어렴풋한 경계에서 '할 수 있다'의 과학을 고찰해보겠습니다.

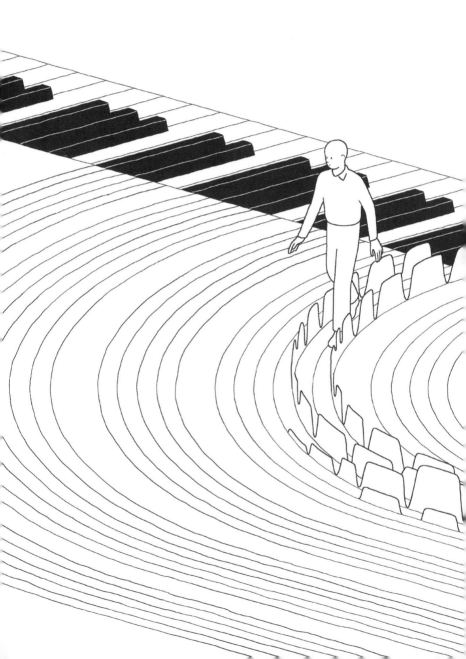

공식 바깥으로 몸을 데려가주는 기술

—— 피아니스트를 위한 외골격

후루야 신이치
古屋 晋一

1980년생. 피아니스트·음악연주과학자. 소니 컴퓨터 사이언스 연구소 선임 연구원·선임 프로그램 관리자, 하노버음악연극미디어대학교 음악 생리학·음악가 의학 연구소 객원 교수, 조치대학교 특임 부교수. 오사카 대학교 기초공학부 졸업 후 의학계연구과에서 의학 박사 학위를 취득했다. 일본학술진흥회 특별 연구원, 해외 특별 연구원, 훔볼트 재단 초빙 연구원을 지냈다. 지은 책으로 『과학으로 본 피아니스트의 뇌』, 옮긴 책으로 『피아니스트라면 누구나 알고 싶은 '몸'에 관한 것』 등이 있다. 뇌과학 및 신체운동학의 사고방식과 기법을 활용해 연주 활동을 지원하는 '음악연주과학'을 확립하는 데 힘쓰고 있다.

인생 최고의 연주

후루야 신이치 씨는 몸의 움직임에 주목하여 피아니스트의 연주를 도울 수 있는 방법을 연구하는 과학자입니다. 지금도 줌Zoom으로 예비 인터뷰를 했을 때 그가 웃으면서 한 말이 생생히 기억납니다. "연습과 실전은 가설과 증명 같은 관계예요." 역시 과학자는 피아노도 이과생처럼 보는구나, 하고 놀라고 말았죠.

사실 후루야 씨는 피아노와 직접적으로 관련 있는 당사자이기도 합니다. 어릴 때부터 피아니스트를 목표로 오랫동안 본격적인 연습을 해온 사람이죠.

대학생 시절에는 피아노 연습을 하려고 수업이 끝나기 무섭게 강의실에서 뛰쳐나가 누구보다 빨리 급행 전철에 탔다고 합니다. 수업이 없는 날에는 하루에 열두 시간씩 피아노를 연습했고요. 결국 후루야 씨는 과학자의 길을 걷게 되었지만, 지금도 그의 주위에는 현역 피아니스트와 피아니스트 지망생이 많아서 그런 당사자들과 함께, 그리고 그 자신도 당사자로서 연구를 하고 있습니다.

후루야 씨에게 피아노를 연주한다는 건 어떤 일일까요. 그가 들려준 '인생 최고의 연주 경험'은 피아니스트나 과학자에 대한 일반적인 인상과 꽤 동떨어진 것이었습니다.

저는 한 콩쿠르 본선에서 장소를 착각한 적이 있어요. 어느 대학교의 강당으로 가야 했는데, 그 학교에 강당이 두 개였던 거예요. 두 강당이 걸어서 15분 정도 떨어져 있었고요. 아무것도 모르고 한 강당으로 갔더니 "여기가 아냐."라고 하더라고요. 그래서 허둥지둥 전력으로 달렸어요. 겨우 오른 본선이라 필사적이었죠. 헐떡거리면서도 시간에 맞춰 도착했고, 등록을 마친 뒤에 30~40분 정도 호흡을 가다듬을 시간이 있었어요. 화장실에서도 한동안 헉헉댔는데, 그날 했던 공연이 제 인생 최고의 연주였어요.

놀랍게도 지각할 뻔해서 전력 질주를 한 뒤 인생 최고의 연주를 했던 것입니다. 피아니스트는 운동선수와 비슷한 면도 있어서 콩쿠르 본선은 보통 며칠 전, 몇 주 전부터 만전을 기해 몸 상태를 조절하며 준비하게 마련입니다. 후루야 씨도 그날을 위해 몸에 신경 쓰고 무리하지 않도록 조심했지만, 장소를 착각한 탓에 계획이 전부 어그러지고 말았죠. 그럼에도 불구하고 생각지 못하게 최고의 연주를 했습니다.

'이렇게 하면 좋은 결과가 나온다.' 하는 자기 나름의 공식 바깥에 오히려 중요한 가능성이 있었다. 기계처럼 모든 요소를 정밀하게 제어하는 공학자의 이미지와 매우 다른 감각이죠. 그런데 이 감각이야말로 후루야 씨가 피아노를 연주하는 몸에 대해 이야기할 때 다양하게 변주되면서 거듭 드러난 중심 사상입니다.

물론 생각대로 되지 않겠다는 것을 알고 오히려 힘이 빠지기도 했겠죠. 그저 불필요한 힘이 빠져서 잘 연주한 것이라고 할 수도 있습니다.

그렇지만 단순히 긴장이 문제였다면, 연주를 앞두고 충분히 안정을 취하면 그만입니다. 그래서야 '공식 바깥'으로 나간 것이 아니죠. 후루야 씨는 최고의 연주에 기뻐하면서 반성도 했습니다. '그동안 컨디션 조절을 잘못한 걸까?'

평소에 연습하면서 나 자신의 가능성을 충분히 탐색하지 않았던 걸까? 그 의문에서 후루야 씨의 연구가 시작되었습니다.

평소에는 만날 수 없는 연주와 만나기 위한 '탐색'

도대체 그때 후루야 씨는 구체적으로 어떤 연주를 했을까요? '이렇게 하면 좋은 결과가 나온다.'라는 공식 바깥에는 어떤 연주가 있었을까요?

아마추어적으로 표현하면, 그것은 '피아노와 잘 교류

31

한' 연주였습니다. '피아노 및 그 주위를 둘러싼 환경과 잘 교류했다'고도 할 수 있고요. 즉, 처음부터 정해둔 '나는 이렇게 치겠다.'라는 계획을 그저 수행한 것이 아니라 콩쿠르 현장이라는 구체적인 환경 속에서 자기 연주의 자리를 잘 잡은 것입니다. 축구로 비유하면 '집중하여 상대편과 잔디가 뚜렷이 보였다.'라고 할 수도 있겠죠.

> 예를 들어 장소가 바뀌면 피아노도 다르잖아요. 강당의 음향도 집과는 다르고요. 즉, 정식 연주에서는 이렇게 건반을 두드리면 이런 소리가 난다는 공식이 무너지는 거예요. 먼저 그걸 파악해야 해요. 그걸 파악하면 '이렇게 하니까 이 소리가 나는구나. 그럼 이렇게 해보자.'라고 조정할 수 있게 되죠. 그게 바로 몰입한 상태, 파도에 올라탄 상태예요.

어떤 기술도 구체적인 환경 속에서 발휘되는 법입니다. '잘하는 것'과 '좋은 결과가 나오는 것'은 서로 다릅니다. '좋은 결과'가 나오기 위해서는 개인의 뛰어난 신체 능력을 뜻하는 '잘하는 것'뿐 아니라 그때그때 환경의 구체적인 조건과 타협하면서 즉흥적으로 연주를 구성하는 적응력이 중요하죠.

당연하지만 악기는 개체별로 조금씩 다릅니다. 연주하는 장소에 따라서, 아니면 그날의 기온과 습도에 따라서도 소리가 다르게 울리겠죠. 집에 있는 피아노는 비싸도 수백만 엔이지만, 콘서트홀에는 천만 엔이 넘는 피아노가 놓여 있기도 합니다. 그런 피아노에서는 평소에 나지 않던 작은 소리까지 나기도 합니다. 내가 다루는 상대가 바뀌면서 '이렇게 건반을 두드리면 이런 소리가 날 것이다.' 하는 자기 나름의 공식이 저절로 무너집니다.

공식이 무너진 순간, 그때까지 믿었던 자신의 공식을 고집하지 않고 피아노의 잠재력을 끌어낼 수 있도록 계획했던 연주를 변형하는 것. 그 자리에서 건반에 손을 대며 새로운 공식을 세우는 것. 그것이 '최고의 연주'이며, '좋은 결과를 내기' 위한 열쇠입니다.

후루야 씨는 환경에 적응해냈던 때의 느낌을 "연주에 몰입한다"라고 표현했습니다. "제 경우에는 몰입할 때까지, 파도에 올라탈 때까지 시간이 걸리는 편인데, 그때(지각할 뻔했던 콩쿠르 본선)는 연주하자마자 스르륵 몰입했어요." 흥미로운 점은 능동성만으로는 전부 설명할 수 없는 '비능동적으로 마주친 자신의 능력'이라 할 만한 측면이 있다는 것입니다. 몰입해야지, 몰입해야지, 할 필요도 없이 나도 모르게 어느새 '몰입해' 있었다는 것. 일단 몰입하면 미리 세워 둔 공식과 실전의 오차는 지워야 할 잡음이 아니라 연주를 앞으로, 더욱 앞으로 나아가게 하는 추진력이 되겠죠.

피아노 연주란 반드시 연습보다 실전이 낫다고 할 수 없습니다. 어느 날, 후루야 씨는 학회에서 발표를 시작하며 친구인 프로 피아니스트에게 연주를 해달라고 요청했습니다. 그런데 발표장에 있던 피아노는 그리 좋은 것이 아니었습니다. 낮은 소리가 제대로 나지 않았다고 하더군요. 어떡하나 난처해하는데 후루야 씨의 친구는 낮은 소리를 포기하는 대신 높은 소리를 1.2배 정도 더 높여서 계획했던 음역을 확보했습니다. 현장의 조건에 맞춰서 즉흥적으로 곡을 다시 구성한 것이죠.

후루야 씨는 음대에서 일하던 시절에 이런저런 사람들에게 물어보고 다녔습니다. "본 공연의 즐거움이란 무엇일까요?" 그 물음에 "평소에는 내게 찾아오지 않는 연주와 만날 수 있는 것이다."라는 답이 돌아왔습니다. 평소와 달라서 무섭지 않냐고 다시 묻자 "매일 똑같은 연주를 반복하기 때문에 무섭지 않다."라고 했다더군요. "최고 수준에 있는 분은 평소에도 탐색을 하는 건가 생각했어요."

'이렇게 하면 좋은 결과가 나온다.'라는 자기만의 공식 바깥에 존재하는 가능성. 확실히 그건 우연히 '찾아오는' 은

1장
공식 바깥으로 몸을 데려가주는 기술

총 같은 것이며 미리 계산해서 손에 넣을 수 있는 것이 아닙니다. 붙잡으려고 의도한 순간, 또 다른 '공식의 바깥'이 생겨날 뿐이죠.

그런데 여기서 한 가지 알아두어야 하는 것이 있습니다. 바로 우연이란 우연히 일어나지 않는다는 것입니다. '다음에는 잘되면 좋겠다.' 하고 요행을 바라는 자세로는 멋진 연주를 할 수 없는 법입니다.

그래서 바로 '탐색'이 중요합니다. 예를 들어 평소와 다른 연습실에서 연습해보기. 평소와 다른 시간에 피아노를 연주해보기. 손가락을 사용하는 방식의 세세한 차이에도 탐색할 부분이 있겠죠. 그렇게 탐색하면 '이렇게 하면 좋은 결과가 나온다.'라는 공식 바깥의 세계를 더 민감하게 느낄 수 있습니다.

앞서 인용한 대로 후루야 씨에게 "연습과 실전은 가설과 증명 같은 관계"입니다. 얼마나 많은 가설을 세울 수 있을까? 다르게 말하면, 얼마나 나 자신을 스스로 흔들 수 있을까? 그런 의문을 탐색하는 과정의 폭과 질이 본 공연의 연주를 좌우합니다. 생각지 못했던 곳으로 자기도 모르게 나아가고 마는 능력이 피아노 연주에 중요한 요소인 것이죠.

자동으로 움직이는 손가락

과학자로서 후루야 씨가 하는 일은 바로 피아니스트의 '탐색'을 지원하는 것입니다. '이렇게 하면 좋은 결과가 나올 것이다.'라는 공식 바깥으로 나가기 위해 기술의 힘을 쓰는 것이죠. 그야말로 프롤로그에서 언급한 '의식이 닿지 않는 영역'으로 가기 위한 기술입니다.

그중 하나가 손에 끼는 외골격^{外骨格, exoskeleton}입니다. 느닷없이 우락부락하게 생긴 기구가 등장했죠. 마치 애니메이션에 등장하는 로봇 같은 장갑 모양의 외골격인데, 3D 프린터로 출력한 다음 정성스레 연마한 기구라 만져보면 매끈매끈합니다.

어떻게 사용하면 될까요. 먼저 확실히 짚고 넘어갈 것이 있는데, 외골격의 목적은 '근육 강화 훈련'이 아닙니다. 손가락에 끼고 악력을 기르는 운동 기구처럼 생겼지만, 단련을 위한 기구는 아니죠.

그럼 실제로 사용해볼까요.

우선 다섯 손가락을 각각 지정된 '자리'에 밀어서 넣고 밴드로 고정시킵니다. 손등 쪽에는 늘어났다 줄어들었다 하는 신축^{伸縮} 기구가 다섯 개 달려 있어서 손에 장착하면 투박한 갑옷을 입은 조개 같은 모습이 됩니다. 신축 기구에는 모터가 달려 있고 전원을 켜면 지이이이 하는 소리가 나며 손

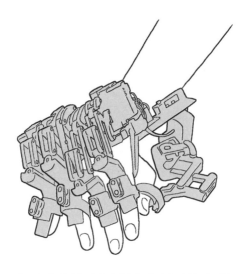

[**도판 1**] 전원을 켜면 기계음을 내며 움직이는 손가락.

가락이 제멋대로 움직이기 시작합니다. 마치 정밀한 망치가 된 듯 계속해서 아래쪽으로 휘둘리는 손가락. 외골격은 손가락을 당사자의 의지와 분리해서 움직이게 하는 시스템입니다.

　손가락을 움직이는 방식은 자유롭게 바꿀 수 있습니다. 저는 손가락을 두 개씩 움직이는 것을 경험했는데, 특정한 연주자의 손가락 움직임을 데이터글러브dataglove●로 계측하면서 실시간으로 외골격을 착용한 다른 사람의 손을 그 데이터대로 움직일 수도 있죠. 이 시스템을

● 장갑처럼 착용하는 장치로 손바닥과 손가락의 움직임 같은 물리적 데이터를 각종 센서로 계측한다.

활용하면 프로 피아니스트의 손가락 움직임을 똑같이 경험할 수 있는 것입니다.

예를 들어 장식음인 트릴trill은 중지와 약지를 빠르게 교대로 움직여야 해서 아마추어는 연주하기 어렵습니다. 하지만 외골격을 사용해서 피아노 선생님의 손가락 움직임을 자신의 손으로 재생하면, 직감적으로 올바른 손가락의 움직임을 이해할 수 있습니다.

외골격은 속도와 리듬뿐 아니라 건반을 누르는 깊이와 누르는 방법도 재생할 수 있습니다. 그만큼 정보가 많으니 특정 피아니스트 고유의 습관도 재생할 수 있죠. 온라인에 공개된 영상을 보면 2021년 쇼팽 국제 피아노 콩쿠르에서 2위로 입상한 소리타 교헤이反田恭平가 자신의 트릴을 데이터화한 다음에 그 데이터를 다시 외골격을 착용한 자신의 손으로 재생하면서 "와, 진짜 나 같아."라고 감탄하기도 합니다.[4]

개량한 외골격 중에는 방식이 조금 다른 것도 있습니다. 3장에 등장할 고이케 히데키 씨의 연구실과 공동 개발한 외골격은 인공근육을 사용했죠.

로봇 등에 쓰이는 인공근육이란 인간의 근육을 모방하여 만들어진 구동 장치를 가리킵니다. 인공근육에도 여러 종류가 있습니다. 후루야 씨는 고무관 주위를 하얀 그물로 감싼 인공근육을 사용하는데, 공기를 집어넣으면 튜브가 부풀면서 수축합니다. '근육'이라 하니 뭔가 살아 있는 것 같겠지만, 겉보기에는 운동화의 끈 같습니다. 학창 시절 실험실에 있던 골격 표본에 이 인공근육을 달고 공기를 주입하면 해골이 살아 있는 신체처럼 우아하게 움직입니다.

후루야 씨는 피아니스트의 손가락 하나하나에 인공근육을 전선처럼 연결하고 공기를 주입하면서 손가락의 움직임을 보조하는 기구를 만들었습니다. 모터 대신 인공근육을 사용한 것이죠.

19세기의 스파르타식 피아노 교육

의지에서 벗어나 자동으로 움직이는 손가락. 사실 피아니스트의 연주를 보조하는 기구에는 200년이 넘는 역사가 있습니다. 그런 기구 중에서도 '자동으로 움직이는 손'은 하나의 이상적인 형태로 여겨졌죠. 잠시 후루야 씨의 연구에서 화제를 전환해 피아노 교육의 역사를 돌아보겠습니다.

음악학자 오카다 아케오岡田 暁生는 19세기의 잡지 기사 등을 자료 삼아 당시의 피아노 교육에 관해 상세하게 분석했습니다. 그에 따르면 당시의 피아노 연습법은 피아니스트를 기계처럼 여기며 철저하게 몸을 단련한 끝에 아무 생각을 하지 않아도 손가락이 알아서 움직이도록, 다시 말해 '손가락을 자동화하여, 정신을 해방하는 것'을 목표했습니다.

그 증거 중 하나로 당시 유행했던 연습법인 신문 읽으며 피아노 연주하기가 있습니다. 그런 '멀티태스킹 연습법'이 있었다니 요즘에는 믿기 어렵지만, 그런 연습이 손가락을 자동화하는 데 효과적이라고 생각했던 것입니다. "19세기에는 많은 피아니스트들이 보면대에 악보 대신 신문 등을 펼쳐두고 그걸 읽으면서 하루에 몇 시간씩 음계와 분산화음과 연습곡을 반복해서 연습했다."[5]

이런 신체 훈련의 일환으로 여러 기구들이 개발되기도 했습니다. 이를테면, 영국에서 군악대장으로 활동했던 요한 베른하르트 로지어Johann Bernhard Logier가 일곱 살인 딸을 위해 개발하고 1814년 특허를 획득한 '카이로플라스트Chiroplast'라는 기구가 있습니다. 건반 바로 앞에 목제 틀이 달려 있는 기구인데, 그 틀에 손목을 끼워서 움직이지 않도록 고정합니다. 그러면 손목이 불필요하게 움직이지 않아서 최소한의 힘으로 연주할 수 있다고 사람들에게 선전했죠. 훗날 다른 인물이 손을 위아래로 고정한 채 옆으로만 움직일 수 있게 한 '자동 핸드 가이드'를 개발하기도 했습니다.

참고로 카이로플라스트는 그 기구를 활용하여 수업을 한 피아노 교실을 통해 전 유럽으로 퍼져 나갔습니다. 당시,

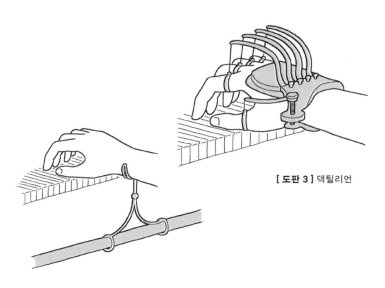

[도판 3] 댁틸리언

[도판 2] 자동 핸드 가이드.

영국에만 카이로플라스트 클럽이 50개나 있었다고 하죠.
규모가 큰 피아노 교실에서는 방 하나에 카이로플라스트를
8~10대 놓고 교사의 구령에 맞춰 학생들이 모두 동시에 연
주하는 집단 강습이 이뤄졌습니다. 그야말로 군대식 연습
풍경이었던 모양입니다.

　　다른 종류의 기구로 근육 강화를 위해 개발된 것도 있
었습니다. 예를 들어 피아니스트 앙리 헤르츠Henry Herz가
1836년에 개발한 댁틸리언Dactylion이 있습니다. 다섯 개의
고리에 손가락을 하나씩 넣으면, 고리 위쪽의 용수철에 손
가락이 하나씩 매달린 모습이 됩니다. 용수철이 위로 당기

――피아니스트를 위한 외골격

는 힘을 이겨내며 건반을 두드려서 손가락을 움직이는 근육을 단련하는 것이죠. (다만, 손가락을 움직이는 근육은 손가락이 아니라 팔에 있는 것이기 때문에 실제로는 팔 근육이 단련됩니다.)

더욱 지독한 것이 있으니, 바로 헤르츠가 댁틸리언과 함께 판매한 『댁틸리언을 위한 연습곡 1000』. 음악으로서 예술성 따위는 전혀 없는, 오로지 같은 음을 반복해서 두드리는 손가락 체조 같은 곡들이 빼곡합니다. 당시에는 반복 연습을 강조하는 연습곡이 많이 출판되었는데, 앞서 소개한 기구들도 '근육 단련' 같은 연습과 짝을 이뤄 유행한 것입니다. 그야말로 "무조건 스쿼트 30회!"가 어울리는 스파르타식 세계. '정해진 훈련을 소화하면 누구나 피아노를 칠 수 있다'는 믿음이 가득한 세계라고도 할 수 있죠.

해체되는 장인과 분업: '지향점'의 상실

오카다는 근육 단련 같은 피아노 교육이 19세기에 등장했다고 말합니다. 즉, 18세기에는 없었던 것이죠. 그런 연습의 특징을 한마디로 정리하면, 음악을 세세하게 해체했다는 것입니다. 한 곡 전체를 '트릴'이니 '분산화음'이니 하는 부분적 기술로 분해하고, 그런 기술들을 하나하나 반복 연습하며 손을 단련했습니다.

그러한 '부분화'가 그 시대에 피아노 교육에서만 일어났던 변화는 아닙니다. 18세기의 장인들이 갈고닦은 통합적인 '작업'은 19세기 들어 공장 노동 같은 분업과 단순 작업의 반복으로 해체되었습니다. 기술을 바라보는 관점 자체의 변화가 19세기에 이뤄진 스파르타식 피아노 교육의 배경에 있지 않았을까 오카다는 지적합니다.

이 부분화 발상이야말로 19세기의 연주미학이 18세기와 다른 결정적인 차이점이다. 본래 장인은 자기 손으로 처음부터 끝까지 모든 공정을 혼자 해냈다. 중간중간 이리저리 돌려보며 완성도를 가늠하고, 설령 다른 사람 눈에 흠잡을 데가 없어도 자기 마음에 들지 않는 구석이 있으면 바로 전 단계로 돌아가거나 아예 새로 시작했다. 어떻게 그럴 수 있느냐면, 장인은 모든 공정을 이해하고 있으며 최종적으로 자신이 도달해야 하는 '지향점'을 미리 뚜렷하게 알고 있기 때문이다. 지금하고 있는 부분 작업의 완성도를 아직 미완성인 전체에 비추어 판단할 수 있는 것이다.

그러니 요한 요하임 크반츠 Johann Joachim Quantz

와 다니엘 고틀로프 튀르크Daniel Gottlob Türk가 지은 18세기 악기 교본이 목표했던 이상은 음악의 전부를 아는 마이스터이며, 당시 장인들의 **솜씨**라고 할 수 있다. 그와 비교해 19세기 들어 등장한 손가락 반복 훈련이 모범으로 삼은 것은 아마 오늘날 공장에서 이뤄지는 단순 작업일 것이다. 찰리 채플린Charlie Chaplin이 「모던 타임스Modern Times」에서 묘사한 공장 노동자의 세계 말이다. 그 영화의 주인공은 자신이 지금 어째서 이런 작업을 해야 하는지 모르는 채 그저 컨베이어 벨트에 실려오는 제품의 나사를 조인다.[6]

18세기의 장인은 "자신이 도달해야 하는 '지향점'을 미리 뚜렷하게 알고 있기" 때문에 그 목표를 기준으로 지금 하는 작업의 완성도가 괜찮은지 아닌지 판단할 수 있었습니다. 즉, 장인의 '예리한 감각'이란 지금 하는 작업이 전체 과정에서 어떤 '의미'인지 이해하고 있기에 비로소 알 수 있는, '현재와 목표 지점의 거리를 예리하게 계측하는 감각'이라고 할 수도 있습니다. 만들고 있는 물건이 몇 단계 공정을 거친 뒤에는 어떻게 될까, 하는 작업의 방향성을 예견할 수 있는 능력이라고 하면 적절할까요.

19세기의 공장 노동자에게는 이전 세기의 장인 같은 '감각'이 없었습니다. 왜냐하면 노동자들은 그저 부분적인 작업만 반복했기 때문입니다. 그 작업이 전체 공정에서 어떤 의미가 있는지는 사라지고 무감각하게 손을 움직이는 단순 작업만이 남았죠. '지향점'을 고려하여 '눈앞의 작업'을 판단하지 못한다, '방향성이 없다'라고 하면 될까요. 세세하게 나뉜 분업에서는 지금 만드는 물건이 앞으로 어떻게 될 것인가 하는 시간적 관점과 개입 가능성이 생겨나지 않습니다.

물론 무엇을 '전체'라고 할지는 각 경우마다 다르겠죠. 분업의 대표로 일컬어지는 나사 조이기만 해도 그걸 일종의 전체라고 보면 좋고 나쁨을 판단할 수 있을 것입니다. 즉, 나사 조이기라는 작업에도 미시적인 장인 정신은 있습니다.

단순 작업을 반복하면 감각이 마비된다는 것도 반드시 그렇다고 단언할 수는 없습니다. 커피 생두에 열을 가해 원두로 만드는 로스팅처럼 단순 작업이기에 향과 소리의 미묘한 변화를 포착하는 '감각'이 필요한 경우도 있습니다. 얼핏 단순해 보여도 그렇지 않은 작업 역시 있을 테고, 그와 반대로 장인다운 작업 중에 분업적인 요소가 많은 경우도 있겠죠.

그렇다면 역시 도달해야 하는 '지향점'이 있는지 여부

가 핵심일 것입니다. 19세기의 피아노 연습이 목표한 '자동으로 움직이는 손'은 움직임의 의미를 따지지 않고 물리적인 운동에만 몰두했습니다. 19세기 음악은 '정신성을 강조'했다는 것이 정설인데, 그와 정반대인 당시의 피아노 연습법에 대해 오카다는 빈정거리듯이 다음처럼 말합니다.

> 음악사에서 19세기는 세속을 완전히 초월한 정신성의 시대로 일컬어진다. 하지만—표면적인 초월성과 대조적으로—'피아노 연습'이라는 하부 구조를 지배한 것은 기계체조와 군대와 공장에 만연한 약육강식과 대량 생산이라는, 당대의 음악이 공식적으로는 무엇보다 경멸했을 터인 근대 자본주의 사회의 논리였다. 연습곡과 교정 기구로 손가락을 단련한 많은 학생들은 아무런 의문도 품지 않고 모두 똑같은 마초스러운 손가락으로 조용히 바흐와 베토벤과 쇼팽을 연주했다. 그것이 19세기 음악의 또 다른 일면이었던 것이다.[7]

고귀한 정신성을 떠받치는 마초스러운 손가락. 마치 수면을 가볍게 떠다니는 백조와 그 아래에서 부지런히 움직이는 발 같은 관계가 19세기 음악에도 있었다는 말이죠. 그

배경에는 규율에 따른 훈련으로 몸을 철저하게 지배하려한 근대 자본주의 사회의 논리가 있었다고 오카다는 논합니다. 정신을 자유롭게 해방하기 위해서는 어떠한 요구에도 부응할 수 있는 몰개성적이고 무색무취한 몸이 필요했던 것입니다.

'아, 이런 거구나.'

다시 후루야 씨의 외골격으로 돌아가겠습니다.

앞서 확인했듯이 외골격의 목적은 '근육 강화'가 아닙니다. 생김새에는 닮은 구석이 있어도 19세기의 피아노 연습 기구와는 발상부터 완전히 다르죠.

그렇다면 외골격의 목적은 무엇일까요? 후루야 씨의 아이가 외골격을 경험하고 남긴 감상이 이 의문에 단서를 줍니다.

그때 후루야 씨의 아이가 경험한 것은 '검지손가락과 약지손가락으로 동시에 건반을 누르기'와 '가운뎃손가락과 새끼손가락으로 동시에 건반을 누르기'를 번갈아 하는 동작이었습니다. 느리게는 어떻게든 할 수 있어도 속도를 올리면 손가락이 꼬여서 꽤 어려운 동작이죠. 하지만 외골격을 착용하면 의지와 상관없이 손이 마음대로 움직여줍니다.

외골격을 경험한 아이는 무슨 말을 했을까요? 감상은 단 한 마디, "아, 이런 거구나."였습니다. '와, 손이 맘대로 움직여!' 하는 흥분도, '아싸, 된다!' 하는 감동도 아니라 왠지 맥 빠지는 "아, 이런 거구나."였죠.

몸에 추월당한 의식의 상태를 이보다 적확하게 표현하는 말이 있을까요. 일단 무언가를 '몸이 해내고 마는' 사건이 일어나면, 의식은 한발 늦게 몸을 따라가면서 확인합니다. 그런 의식의 상태를 드러낸 말이 "아, 이런 거구나."라고 생각합니다.

후루야 씨도 아이가 들려준 감상을 '기능 습득의 역설'과 관련지어 이야기합니다. (후루야 씨는 '딜레마'라고 표현했습니다.)

(번갈아 건반을 치는 동작을) 한 번도 성공한 적 없는 아이가 외골격으로 경험해보고는 "아, 이런 거구나." 하는 감상을 들려준 게 재미있었어요. 어려운 동작은 그 움직임을 경험하기 전에는 머릿속으로 그려볼 수도 없어요. 그런데 머리로 그릴 수 없으면 움직일 수도 없다는, 그런 딜레마가 항상 있죠. 그 때문에 이른 단계에서 그 동작을 그려볼 수 있도록 도와주면 머릿속에 목표를 설정

하는 것으로 이어진다고 생각했어요.

거듭 말하지만, 어떤 동작을 깔끔하게 해내기 위해서는 자신이 하는 동작의 명확한 상像이 머릿속에 있어야 합니다. 한편으로 한 번도 성공한 적 없는 동작은 경험이 없기 때문에 상을 그려볼 수도 없지요. 성공하려면 상을 그려야 하는데, 할 줄 모르니까 아무런 상이 없는 것입니다. '할 수 없다'에서 '할 수 있다'로 건너가려면 이 역설을 뛰어넘어 '상이 없지만 해냈다.'라는 우연이 일어나야 합니다.

바로 그 역설을 뛰어넘도록 해주는 도구가 외골격입니다. 후루야 씨의 가설에 따르면 성공까지 다다르는 길을 짐작할 수 없을 때, 외골격이 목표 지점을 설정해줍니다. 외골격은 의식과 상관없이 손가락을 움직여주어서 의식할 수 없었던 동작으로, 즉 머릿속으로 그릴 수 없던 영역에 몸을 데려가줍니다. 그렇게 내가 할 수 없는 동작의 상을 그릴 수 있게 해주죠.

머릿속에 목표(=상)를 설정하는 것. 그 목표란 결국 앞서 논했던 '도달해야 하는 지향점'에 해당하겠죠. 지금의 내 움직임을 어느 방향으로 갈고닦으면 좋을지 판단할 때 참고할 수 있는 '지향점'. 물론 외골격이 가르쳐주는 것은 장인의 솜씨 같은 전체적인 '지향점'이 아니라 세세하게 나뉜 신체 운동의 '지향점'입니다. 그렇다 해도 외골격이 우리에게 주는 '지향점'은 지금까지 탐색한 적 없었던 몸의 가능성 그 자체입니다. '이렇게 하면 좋은 결과가 나온다.'라는 자기 나름의 공식 바깥에 있는 또 다른 풀이법. 후루야 씨가 개발하는 것은 피아니스트를 기계로 만드는 것이 아닙니다. 지금까지 존재조차도 몰랐던 가능성으로 우리를 이끌어주는 것이죠.

'감각 훈련'의 도구

외골격을 약 60명의 피아니스트와 음대생에게 실제로 사용하게 해보았습니다. 그 결과 자신의 움직임이 변했다고 느끼는 사람들이 나타났습니다. 외골격 경험 후 같은 움직임을 해보게 하니 많은 사람들이 "가벼워졌다."라고 답했죠.

피아니스트와 음대생은 복잡한 움직임이라 해도 전혀 못 하지는 않고, 머릿속에 웬만큼 상도 있습니다. 그렇지만 외골격을 사용해보니 복잡하고 빠르게 손가락을 움직이는 상이 더욱 뚜렷해졌죠. 그 때문에 '손가락을 움직일 때 무게 또는 저항이 사라져서 움직이기 쉬워진 것'이라고 볼 수 있습니다.

외골격이 머릿속에 상을 그려주어 지금까지 탐색하지

않았던 몸의 가능성을 개발해준다는 것은 그 효과의 지속성을 봐도 알 수 있습니다. 놀랍게도 외골격을 경험한 사람 중에는 외골격을 벗은 뒤에도 연주 기능이 향상된 채 유지되는 경우가 있습니다. 일단 외골격으로 '손가락을 빠르고 복잡하게 움직이는 세계'를 알게 된 사람은 외골격 없이도 손가락을 빠르고 복잡하게 움직일 수 있는 것입니다.

후루야 씨의 조사에 따르면 특정 소절을 가장 빠르게 치는 속도가 외골격을 경험한 후에 약 12퍼센트 빨라졌다고 합니다. 외골격을 착용하면서 그 전까지 몰랐던 몸의 사용법을 체득했을 가능성이 있죠. 만약 외골격이 근력 훈련만 돕는 기구였다면, 그런 결과가 나오지는 않았을 것입니다.

그래서 후루야 씨는 외골격이 '감각 훈련'을 위한 도구라고 말합니다. "많은 사람들이 '노력했지만 내 재능은 여기까지야.'라고 자기 맘대로 단정하잖아요. 그런 사람들에게 '진짜 재능은 여기까지야.'라고 가르쳐주는 것도 기술의 훌륭한 점이라고 생각해요." 근력 훈련 같은 기술이 한계를 더욱 넓히는 것에 몰두한다면, 외골격은 가짜 한계에서 사람을 해방해주는 기술이라 할 수 있습니다.

피아니스트의 지속 가능성

후루야 씨가 피아니스트의 감각 훈련에 힘을 쏟는 배경에는 피아니스트의 지속 가능성이라는 문제가 있습니다. 피아니스트에게 지속 가능성이란, 오랫동안 건강하게 연주하는 것을 뜻하죠. 자기만의 공식에 따라 몸을 다루며 맞지 않는 연습을 반복하다 결과적으로 손이 망가지는 피아니스트가 몹시 많다고 합니다.

그중에서도 특히 많은 경우가 근육긴장이상증입니다. 근육긴장이상증이란 의지와 상관없이 근육이 움츠러들거나 뒤틀리는 질환입니다. 같은 움직임을 반복하는 사람이 걸리기 쉽고, 피아니스트는 다른 사람들과 비교해 발병률이 높습니다.

유명한 사례로 로베르트 슈만Robert Schumann이 있습니다. 슈만은 작곡가로 알려져 있지만, 원래는 피아니스트를 목표했던 사람입니다. 앞서 소개한 19세기적 피아노 연습환경에서 슈만은 독자적으로 기계를 개발하여 '근육 단련'에 힘썼습니다. 그런데 그 탓에 오른손을 다쳤고 근육긴장이상증도 발병했죠. 질환이 낫지 않았기 때문에 슈만은 할 수 없이 피아니스트라는 꿈을 포기해야 했습니다.

후루야 씨에게 슈만은 그야말로 '반면교사'라 할 수 있습니다. "그 사례의 교훈은 지나친 부담을 가해서는 안 된다

1장
공식 바깥으로 몸을 데려가주는 기술

는 거예요. 저희가 기구를 설계할 때 손가락을 움직이려 하는 방향으로 끌어당기는 방식을 생각할 수도 있었지만, 슈만의 사례가 있으니 그래서는 안 되겠다 싶었죠."

오늘날 슈만처럼 기구를 사용하는 경우는 드물겠죠. 하지만 많은 피아니스트들이 연주가 생각대로 되지 않으면 연습이 부족했기 때문이라고 믿습니다. 그래서 컨디션이 좋지 않으면 쉬어야 하는데도 오히려 연습량을 늘리죠. 만약 그 연습이 잘못된 것이라면, 연주 실력이 늘기는커녕 증상을 악화시킬 뿐입니다.

이런 상황에서 피아노 연습의 근본적인 맹점을 찾을 수 있습니다. 그 맹점이란 아무래도 '소리'를 우선해서 연습하게 마련이라는 것입니다. 그 결과 '몸'은 무시됩니다. '이 소리를 내고 싶다'는 목적이 앞서면 '내 몸은 지금 어떤 상태일까?' '내 몸에 적합한 연습은 무엇일까?' 살펴보는 관점이 사라지고 맙니다. 기술을 활용해서 내 몸에 대한 감각을 더욱 예민하게 만들면, 쓸데없이 무리하는 연습을 막을 수 있을 것입니다.

감성의 관점에서 '나는 이런 소리를 내고 싶다.'라는 바람은 폭이 넓을 텐데요, 그중에서 '내 몸이 낼 수 있는 소리'를 따지면 범위를 작게 좁힐 수 있어요. 그게 그 사람이 소리 낼 수 있는 범위이고, 연습해야 하는 범위예요. 내 몸에 맞는 범위를 어떻게 해야 효율적으로 연습할 수 있을까. 그걸 돕는 게 저의 일이라고 생각해요.

지금 하는 이야기는 근육긴장이상증 같은 증상이 있을 때만 해당하지는 않습니다. 애초에 피아니스트라고 뭉뚱그려도 한 사람 한 사람 몸의 조건은 다르게 마련입니다. 손이 큰 사람이 있는가 하면 작은 사람도 있고, 마른 사람이 있는가 하면 통통한 사람도 있죠. 당연히 몸이 다르면 낼 수 있는 소리도 다릅니다. 즉, 각각의 몸에 맞는 해법이 있다는 말입니다. 그런 차이를 무시한 채 오로지 같은 목표에 도달하려 하면, 결국 몸이 망가지고 맙니다.

피아니스트로 콩쿠르에 나갈 수 있는 건 대략 28세까지라고 후루야 씨는 말합니다. 그때까지 잘못된 연습을 계속하면 금세 피아니스트 인생이 끝납니다. "생선 가게에서 고급 생선을 사면 남는 부위 없이 전부 먹고 싶잖아요. 잘못 먹어서 남기면 아까우니까요. 피아니스트들이 몸을 남김없이 쓸 수 있게 해주는 것이 기술의 역할이라고 생각해요."

몸의 투명화·몸의 가시화

다시 말해 후루야 씨가 신체 제어의 관점에서 피아노에 접근할 때는 '몸에 주목해라.'라는, 당연한 듯하지만 당연하지는 않은 강한 메시지가 포함되어 있는 것입니다. 19세기 같은 군대식 연습은 아니라 해도 일본의 낡은 피아노 교육 역시 주로 연주 기술에 치우쳐 있고 몸을 관찰하는 것은 그리 중시하지 않습니다. 이른바 몸을 지워서 투명화하는 것이 목표였지요. '그 몸 고유의 음악성'이 아니라 '음악성을 방해하지 않는 몸'이 바람직하게 여겨졌습니다.

저 역시 어린 시절 피아노를 배우면서 의식적으로 '몸을 없애라'는 주문을 자주 들었습니다. 이를테면 '다섯 손가락으로 모두 똑같은 소리를 내는' 연습. 엄지손가락과 새끼손가락은 모양도 길이도 위치도 전혀 다르니 '똑같은 소리를 내라'는 주문은 바로 '각 손가락의 차이를 없애라'는 것이나 다름없습니다. 어린 시절 시키는 대로 해내려고 무척 고생했던 게 기억납니다.

그런데 초월적인 기교로 유명한 프레데리크 쇼팽 Frédéric Chopin도 그런 식으로 피아노를 연주하지는 않았다고 합니다. 쇼팽은 평생 동안 180여 명의 제자를 길러냈다는데, 제자들의 회상에 따르면 쇼팽은 손가락을 강제로 균일하게 만드는 교육에 반대했고, 운지법을 연구하여 손가락의 비균일성과 개성이 다양한 울림을 자아내는 연주를 하도록 가르쳤다고 합니다.

쇼팽은 다음과 같은 말을 남겼습니다. "손가락의 힘을 균등하게 만들려는 무리한 연습이 지금까지 무척 오랫동안 이뤄졌다. 손가락은 만듦새가 제각각 다르기 때문에 그 손가락 고유의 매력을 손상하지 않는 편이 좋으며 (…) 오히려 그 매력을 충분히 살리려는 마음가짐이 필요하다."[8] 물론, 손가락의 고유성을 살리려면 각 손가락을 독립적으로 움직일 수 있어야 합니다만.

후루야 씨가 말하는 '가시화'는 앞서 이야기한 맥락에서 이해해야 합니다. 즉, 현실에서는 피아노 연주와 관련해 몸이 쉽사리 '투명화'된다는 것을 염두에 두어야 한다는 말이죠. 소리에만 신경 쓰다 보면 몰개성적이고 순종적인 병사 같은 몸이 이상적으로 여겨지기 때문입니다.

그렇지만 그래서는 몸에 지나친 부담이 가해집니다. 몸의 가능성을 충분히 끌어내기는커녕 피아니스트 생명을 망칠 수도 있죠.

바로 그 때문에 연주를 '가시화'하여 피아니스트가 자신의 몸을 올바르게 의식할 수 있도록 해야 합니다. 그런 의미로도 기술을 활용해 '이렇게 하면 좋은 결과가 나온다.'라는 공식 바깥으로 나가는 것에는 좋은 효과가 있습니다.

연주를 가시화하다

그런 '가시화'를 실현하는 기술이 후루야 씨가 개발한 또 다른 장치입니다.

전체 장치는 피아노 바깥의 기구와 내부의 기구로 나뉩니다. 피아노 바깥에는 피아니스트의 움직임을 포착하는 네 대의 카메라가 설치되어 있습니다. 그 카메라들로 피아니스트의 손뿐 아니라 몸 전체의 움직임을 촬영합니다.

내부의 기구를 위해 피아노 자체에도 손을 댔습니다. 건반 하나하나의 아래에 빛을 내는 장치와 그 반사광을 포착하는 센서를 심어서 기준점으로부터 건반까지 거리를 계측할 수 있게 했습니다. 어느 건반이, 언제, 어느 정도 깊이로, 얼마나 세게 눌렸는가. 즉, 이른바 '터치'를 가시화할 수 있게 되었죠. 어느 제조사의 피아노든 20분 정도면 설치할 수 있도록 장치를 설계했습니다.

그 장치의 중요한 점은 '터치'의 움직임과 온몸의 움직임을 동기화하여 기록할 수 있다는 것입니다. 저 '터치'를 할 때, 몸은 어떻게 움직일까. 후루야 씨가 개발한 시스템은 1000분의 1초 수준의 정밀함으로 기록할 수 있다 합니다. 피아니스트의 감각이란 무척 섬세하기에 그 정도로 정밀하지 않으면 '피아니스트의 의식이 닿지 않는 곳'까지 도달할 수 없는 것이죠.

[도판 4] 네 대의 카메라와 건반 아래의 센서는
'내가 모르던 내 몸'을 일깨워준다.

저도 후루야 씨의 연구소에서 주말에 실시한 피아노 수업을 견학한 적이 있는데, 피아니스트들의 감각이 어찌나 섬세한지 말문이 막혔습니다. 중등부와 고등부에서 최고 수준의 학생들이 참여하는데, 그야말로 소리 하나하나를 선생님과 함께 깎아 만드는 듯한 수업이었지요. "피아노를 청소해본 적 있지? 피아노는 커다랗지? 그 정도 크기에서 나오는 소리라고 분명히 알 수 있도록 쳐야 해." "그런 방식으로 소리를 내면 바이올린이 들어올 때 관객이 '왜?'라고 생각할 거야." 솔직히 저는 무슨 차이인지 알 수 없었고, 그저 음색을 일일이 갈고닦는 것 같았습니다.

악보를 해석하는 것도 놀랍기만 했습니다. 이를테면 똑같이 '빠르게'라고 해도 모차르트 시대의 '빠르게'와 현대의 '빠르게'는 질이 다르다고 했습니다. 현대인의 '빠르게'가 고속철도나 로켓이라면, 18세기 사람들에게 '빠르게'란 마차나 드레스 입고 달리기를 뜻한다고 했죠. "좀더 달가당거리는 느낌이 있어도 좋아."라고 선생님은 조언을 해주었습니다.

이처럼 '소리' 수준의 수업을 '몸'의 측면에서 지원해주는 것이 후루야 씨의 역할입니다. 수업에서는 가시화 시스템을 설치한 피아노가 쓰였고, 연주하는 모습이 즉시 기록되었습니다. 수업 중에는 데이터를 볼 수 없어도 나중에 돌이켜보면 선생님의 연주와 자신의 연주가 어떻게 다른지 신체 운동 수준에서 확인할 수 있습니다. 온라인에 수업 기록도 작성해서 세세한 의견을 학생에게 제공합니다. 의식이 미치지 않는 영역으로 몸을 데려가주는 장치가 외골격이라면, 가시화 시스템은 의식할 수 있는 영역을 넓혀주는 장치라고 할 수 있습니다. '착각'을 바로잡아주는 것이지요.

후루야 씨는 많은 피아니스트들이 손밖에 보지 않는다고 말합니다. 하지만 해부학적으로 보면 손가락의 움직임은 전완, 전완의 움직임은 상완, 상완의 움직임은 쇄골, 쇄골의 움직임은 턱의 위치와 연동되어 있습니다. 다시 말해 '온몸'을 바라봐야 한다는 것입니다. 바로 그 때문에 카메라를 활용하여 손뿐 아니라 몸 전체를 기록합니다. 기존에 선생님이 '무엇'을, 즉 특정한 소리를 내라고 지도했다면, 후루야 씨의 장치는 몸의 움직임을 가시화함으로써 '어떻게'를, 즉 소리를 내는 방식을 지도하게끔 바꾸어준다고 할 수 있습니다.

지금까지 이야기한 것을 살펴보니 몸에 주목하는 후루야 씨의 접근법 그 자체가 피아노 교육 시스템이 역사적으로 길러온 '이렇게 하면 좋은 결과가 나온다.'는 공식 바깥에 빛을 비추는 것임을 알 수 있습니다. "그렇기 때문에 기존 방식과 충돌할 때도 있지 않나요?"라는 질문에 후루야 씨는 "제가 하는 건 어디까지나 제안."이라고 답했습니다. 그는 '이렇게 하면 어때요?'라고 제안하지 '이렇게 해야 한다.'라고 지시하지는 않는 것입니다. "피아니스트가 예술에 집중할 수 있도록, 그 밑바탕이 되는 몸의 사용법을 지원하고 싶다."

그렇지만 "피아니스트들이 몸을 남김없이 쓸 수 있게 해주는 것이 기술의 역할"이라는 후루야 씨의 말은 몸의 가능성과 한계에 대한 희망과 절망을 동시에 품고 있습니다. 피아노 연주든 무엇이든 지속 가능한 표현이란 개개인의 몸이 지닌 한계와 가능성 안에서만 이뤄질 수 있다는 뜻이니까요. 인간은 자신의 몸에 대해 거의 알지 못합니다. 후루야 씨의 기술은 '내가 모르는 내 몸'을 일깨워주는 거울 같은 존재인지도 모릅니다.

나머지는 몸이 알아서 해준다

—에이스 투수의 투구 분석

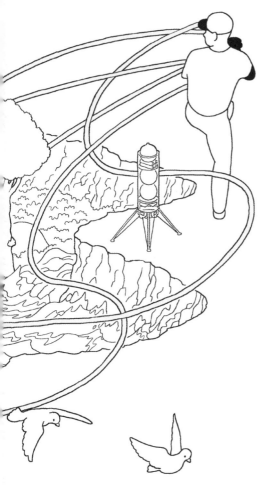

가시노 마키오
柏野 牧夫

1964년생. NTT 커뮤니케이션 과학기초연구소 가시
노 다양뇌특별연구실 실장 및 NTT 선임 연구원. 도쿄
대학교 대학원 교육학연구과 신체교육코스 객원 교수.
심리학 박사. 도쿄대학교 대학원 인문과학연구과 석사
과정 수료 후 일본전신전화주식회사NTT 기초연구소
(현 커뮤니케이션 과학기초연구소)에서 근무했다. 위
스콘신대학교 객원 연구원, 도쿄공업대학교 대학원 제
휴 교수 등을 거쳐 현직에서 일하고 있다. 전문 분야는
심리물리학·인지신경과학. 감각계와 운동계를 중심으
로 무의식중에 환경에 적응하는 정보 처리를 해내는
뇌의 구조를 밝히는 데 힘쓰고 있다. 문부과학대신표
창 과학기술상을 수상했다. 지은 책으로 『헛들음의 과
학』『소리의 환각』 등이 있다.

지하의 야구 연습장

가시노 마키오 씨의 활동 거점은 도심에서 벗어난 연구 시설의 지하에 만들어진 실내 야구 연습장입니다. 원래는 다른 설비가 놓여 있던 곳인데 프로야구 경기장과 똑같은 규격의 마운드와 타석을 갖춘 실험용 연습장으로 만들었죠.

일반적인 연습장과 차이점이라면 온갖 계측기가 가득하다는 것입니다. 제가 방문했을 때는 마운드 주위를 둘러싸듯이 설치된 열 대 정도의 고속 카메라가 타자를 상대하는 투수의 동작과 야구공의 움직임을 계측하고 있었습니다. 1루 쪽 벽에 걸린 커다란 모니터에는 계측 결과가 바로바로 표시되었지요.

천장이 높은 지하 공간에는 야구 연습장 외에도 웨이트 트레이닝 기구와 트레드밀 같은 운동 장비가 있었고, 그와 더불어 팔의 움직임과 시각의 관계를 해석하는 로봇 팔과 뇌파 검사기 등 정밀한 실험 장비도 완비되어 있습니다. 태양 빛이 들어오지 않는 지하 공간은 어딘가 비밀 연구소 같은 분위기를 자아내지요.

그런데 이곳은 단순한 '스포츠 과학 연구소'가 아닙니다. 애초에 가시노 씨는 청각 연구자로 현재는 발달장애 당사자의 감각에 대해서도 연구하고 있습니다. 그가 딱히 스포츠만 연구하는 현장에 있었던 것은 아닙니다.

[**도판 5**] 그 몸만의 고유성에 주목하는, 'n=1'의 과학.

　　가시노 씨 연구의 흥미로운 점은 그가 심리물리학과 인지신경과학을 전문 분야로 삼는 이공계 연구자이면서도 한 사람 한 사람의 몸이 지닌 고유성에 주목한다는 것입니다. 즉, 'n=1'의 과학. 처음 만나서 대담을 했을 때, 가시노 씨는 그 이유를 다음처럼 말했습니다.

　　인간을 상대하는 실험계의 기초 연구가 평균이니 분산이니 하는 통상적인 모델에 지나치게 얽매여 있다고 생각했기 때문이에요. 실제로 인간을 보고 있으면 그렇지 않은데, 저부터도 이른바 전형적인 인간은 아니거든요. 사람은 그렇게 전형적이지 않은 자신을 받아들이면서 살아가야 하는 법이고, 자신의 내력 역시 다시 쓸 수 없어요. 내 몸의 특성과 타협하면서 살아가기 위해 일반적인 통념에 기대봐도 별로 도움이 되지 않는 부분이 있었다고 생각합니다.[9]

과학의 세계에서는 '개별보다 일반', '구체보다 추상'을 추구하는 경우가 많습니다. 특히 이공계는 그런 경향이 강하죠. '한 사람 한 사람 신체의 차이'나 '현미경으로 관찰한 세포 하나하나'보다도 '차이를 평균화한 데이터'나 '모델화한 세포'를 중시하며 그에 따라 실험과 연구를 진행합니다.

그렇지만 가시노 씨에 따르면 '자기 몸의 특성과 타협하며 살아가기 위해서 일반적인 통념에 기대봐도 별로 도움이 되지 않는다'고 합니다. 생각해보면 '공을 던진다'는 행위만 해도 키 크고 팔다리가 긴 사람에게 맞는 방식과 몸통이 굵직하고 팔다리가 짧은 사람에게 어울리는 방식은 서로 다릅니다. 누구나 써먹을 수 있는 '보편적으로 잘 던지는 법'이란 있을 리가 없고, '그 몸에 가장 어울리는 던지는 법'이 있을 뿐이죠.

저 역시 온갖 장애 및 질환 당사자들과 함께 연구하면

서 고유성의 중요성을 두말할 필요 없이 절감했습니다. 똑같이 '전맹'●인 시각장애인 중에도 청각을 잘 써먹는 사람이 있는가 하면 촉각 활용이 특기인 사람도 있고, 뇌에 항상 시각적 이미지가 가득해서 "꼭 가상 현실 같아."라고 말

한 사람도 있었습니다. 당사자의 가족 구성과 사교의 정도에 따라 감각으로 받아들여야 하는 정보는 달라지고, 일이나 취미로 기른 기술을 활용해서 불편함을 극복한 사람도 있습니다. 정말이지 이 세상에 똑같은 몸이란 하나도 존재하지 않습니다.

실은 가시노 씨의 지하 연구 시설도 그런 몸의 고유성을 탐구하기 위한 장소입니다. 그곳에서는 주로 최고 수준의 운동선수를 대상으로 그 몸 고유의 특성을 연구합니다.

연구 시설에 방문한 운동선수의 면면은 그야말로 쟁쟁합니다. 벽에 걸린 사진들을 보면 해머던지기 올림픽 금메달리스트인 무로후시 고지室伏 広治, 사이클 도로 독주 일본 챔피언인 니시조노 료타西薗 良太, 그리고 소프트볼 일본 국가대표 선수들…. 전부 그 탄탄한 몸에 반하게 되는 사람들입니다.

그중에서도 가시노 씨가 특히 힘을 쏟아 연구하는 것은 전 프로야구 투수로 현재 요미우리 자이언츠의 육성군

총감독을 맡고 있는 구와타 마스미桑田

真澄●●의 신체 능력입니다. 구와타라고

하면 선수 은퇴 후 여러 대학원에서 공

부하는 등 학구열이 뜨거운 것으로도

널리 알려져 있죠. 선수 시절 그토록

●●
일본 프로야구 최고 명문 팀
요미우리 자이언츠에서 21년
동안 정교한 제구력을 바탕으
로 수많은 상을 받으며 활약
한 에이스 투수였다.

대단한 성과를 올렸음에도 자신의 경험에만 기대어 야구를

대하지 않는 겸허하고 열린 자세가 엿보입니다.

구와타는 지하 연습장을 여러 차례 찾아서 가시노 씨

의 연구에 참가해왔습니다. 마운드에서 투구를 하고, 그 모

습을 카메라로 촬영해 해석했죠. 가시노 씨의 컴퓨터에는

그에 관한 방대한 데이터가 담겨 있습니다.

에이스의 투구 자세는 매번 다르다

'구와타 마스미의 몸'을 다루는 연구에서는 놀라움이 잇따

랐다고 합니다. 심지어 놀란 것은 가시노 씨뿐이 아니었습

니다. 당사자인 구와타도 놀랐고, 계측할 때마다 "진짜 맞는

거예요?"라며 고개를 갸웃거렸다고 하죠.

무엇에 그토록 놀랐을까요?

그들이 처음 놀랐던 것은 투구 자세가 매번 달랐기 때

문입니다.

같은 조건에서 30회를 투구하게 했는데, 손에서 공을 놓는 지점이 첫 번째 투구와 서른 번째 투구에서 수평 방향으로 14센티미터나 옮겨가 있었습니다. 눈의 위치를 따지면 머리 하나 정도 차이가 났죠. 공을 놓는 지점이 점점 앞으로 가다가 높이도 낮아졌습니다. 즉, 서른 번째 투구에서는 처음보다 몸이 가라앉고 앞으로 나아간 것입니다. "대학생이나 사회인 야구 선수보다 차이가 커요."라고 가시노 씨는 말했습니다.

일반적으로 투구라는 행위에는 기계 같은 정확함이 필요하다고 여겨집니다. 홈 베이스로부터 거리 18.44미터, 높이 25.4센티미터에 자리한 마운드에서 폭이 불과 야구공 여섯 개 정도에 불과한 스트라이크 존을 노리고 공을 던지는 행위. 정식 시합에서는 주자와 볼 카운트가 주는 압박감도 있죠. '탈삼진 기계'라는 별명으로 불리는 투수도 있는데, 그야말로 투구란 정밀 기계처럼 제어하는 능력이 필요한 영역입니다.

그런데 막상 계측해보니 구와타의 투구는 '마구 흔들렸습니다'. 매번 조금의 오차도 없이 똑같이 움직이는 정밀 기계 같은 재현성은 없었고, 공을 던질 때마다 꽤 다른 방식으로 던진 것입니다. 게다가 그 차이가 한눈에도 분명하게 알아볼 수 있을 만큼 컸습니다. 첫 번째와 서른 번째 투구 영

상을 겹쳐 보면 '던지고 있다'와 '넘어지고 있다'라고 할 만큼 다릅니다.

그 결과에 당사자인 구와타가 놀랐던 것은 계측에 앞서 "똑같은 자세로 30회 던져주세요."라는 요청을 받고 스스로도 그럴 셈으로 투구했기 때문입니다. '이번에는 좀 넘어지듯이 던져보자.'라는 등 의식적으로 자세를 조정한 것이 아닙니다. 의식으로는 매번 똑같은 움직임을 취했는데, 몸은 그와 다르게 움직였습니다. 당시의 모습을 촬영한 영상에서 구와타는 쓴웃음을 지었습니다. "모두 똑같은 감각으로 던졌는데 말이죠."

아무리 구와타라도 선수에서 은퇴한 뒤 시간이 흐르

고 나이가 들면서 제구력이 녹슨 걸까요? 아뇨, 결코 그렇지는 않습니다. 왜냐하면 계측했을 때 투구의 결과가, 즉 공이 날아가 도달한 곳이 홈베이스 뒤에 앉은 포수가 벌리고 있는 미트 속이었기 때문입니다. "구와타 씨의 제구력은 현역 투수들과 비교해 중간 수준 정도였다."라고 가시노 씨는 말했습니다. 실제로 타석에 우타자가 섰을 때와 좌타자가 섰을 때의 결과를 비교해보면 스트라이크 존에서 얻어맞기 쉬운 자리는 피하듯이 투구 방식이 조직적으로 변했습니다.

요약하면, 구와타의 투구는 '매번 자세가 꽤 다른데, 결과는 거의 동일'한 것입니다. '변화하는 자세에서 안정된 결과를 낸다.'라고도 표현할 수 있죠.

일반적으로는 투구하며 공을 손에서 놓는 위치가 1센티미터만 달라져도 홈 베이스에서는 수십 센티미터의 차이가 생겨난다고 합니다.[10] 그런데 구와타의 경우에는 공을 놓는 지점이 10센티미터도 넘게 달라졌는데 제구력은 거의 흔들리지 않았습니다. 다른 식으로 말하면, 대부분의 투수들은 구와타보다 공을 놓는 지점의 변화가 적지만 실제 공이 도달하는 지점의 변동은 구와타보다 크다고 할 수 있습니다.

변동 속의 재현과 '길눈'

가시노 씨는 구와타의 특징을 '흔들림'과 '잡음'이라는 말로 설명합니다. "구와타 씨 같은 경우는 흔들림과 잡음을 내포한 상태에서 매번 그것들을 잘 흡수하는 움직임을 취하는 것이라고 생각합니다."

즉, 구와타의 투구 자세는 애초부터 단단하게 고정된 것이 아니며 어느 정도 변동 폭을 지니고 있다는 말입니다. 그 변동 범위 내에서 던지기만 하면 목표를 벗어난 실투가 되지는 않습니다. 계측 결과로 나타난 투구 자세의 불규칙성은 '정답에서 벗어난 오차'가 아니라 아예 '오차를 포함한 정답'이 아닐까 생각할 수 있지요.

그렇다면 어째서 '오차를 포함한 정답'이 유효할까요? 가시노 씨는 애초에 투구 같은 운동 기술이란 '변동 속의 재현'이 아닐까 싶다고 말합니다.

> (실제 투구에서는) 마운드의 기울기가 좀 완만하다든지, 바닥이 무르다든지, 앞선 투수가 땅을 엄청 팠다든지, 하는 다양한 요소가 있습니다. (…) 그러니까 운동 기술이란 그런 변동 속의 재현인 셈인데, 재현성만 계속 훈련한다고 변동 속의 재현을 실현할 수는 없죠.

—에이스 투수의 투구 분석

이 말은 1장에서 다룬 피아니스트의 사례와도 맥락이 닿습니다. 연주도 투구도, 잡음이 전혀 없는 실험실과 연습실에서 이뤄지는 것이 아니라 갖가지 변화를 내포한 현실 공간에서 이뤄집니다. 피아니스트가 그 상황에 주어진 피아노의 특성과 공간의 음향적 특성에 따라 자신의 연주를 유연하게 조정할 필요가 있듯이, 투수도 공 하나하나를 다른 환경에서 던져야 합니다. 그런 환경의 변화에 즉흥적으로 대응하는 능력도 '운동 기술'일 것이라고 가시노 씨는 말합니다.

즉, 구와타의 투구 자세에 있는 흔들림은 그 자체가 환경의 변화에 대응하는 '응답 가능성'이라고 할 수도 있습니다. 그는 이렇게도 던질 수 있고, 저렇게도 던질 수 있습니다. 운동에 여유가 있으니까 환경의 차이에 대응할 수 있는 것이죠.

분명히 우리 몸에는 수없이 많은 관절과 힘줄이 있습니다. 그것들을 어떻게 조합하느냐에 따라 같은 동작을 하는 방식이 무수히 많을 수 있죠. 구와타는 '이렇게도 하고' '저렇게도 하는' 여유를 자유자재로 구사합니다. 유일하고 절대적인 투구 방식에 최적화된 투수는 환경이 변하면 그 오차가 그대로 투구 결과에 영향을 미칩니다. 중요한 것은 '늘 똑같은 행위를 수행하는 것'(기계적 재현)이 아니라

'결과가 똑같도록 행위를 조정하는 것'(변동 속의 재현)입니다.

1장에 등장했던 후루야 씨의 말을 빌리면 구와타의 경우는 '탐색'이 충분히 이루어졌다고 할 수도 있겠죠. '이렇게 하면 좋은 결과가 나온다.'는 공식 바깥에 존재하는 수많은 방식의 가능성을 스스로 평소부터 개척해두는 것. '주위에 있는 것을 건드려보는' 연습이 실전에서 피아니스트의 가능성을 끌어낸다고 했습니다.

같은 이야기를 가시노 씨는 '길눈'이라는 말로 표현합니다.

무심하게 '저 방면으로 가려면 이쪽으로 가는 게 좋겠네.'라고 대충 방향을 잡는 방식이 좋아요. 그런 '길눈'이 있느냐 없느냐는 진짜 큰 차이예요. 즉, 저쪽이라고 아는 게 중요하고, 도무지 짐작도 하지 못하는 상황은 정말 큰일이죠. 저쪽이라는 걸 알고 있으면, 그래서 어쨌든 나아가면 큰 문제는 없어요. 이게 매일매일 탐색하는 과정에서 점점 더 중요한 요소가 돼요.

가령, 전철역에서 직장까지 가는 사람이 매일 똑같은

길로 다닌다고 해보죠. 역에서 나오면 편의점이 있고, 다리를 건너고, 우회전한다. 그 앞에 있는 신호등의 파란불은 얼마나 켜져 있는가. 옆길에서 자동차가 나타날 확률은 얼마인가. 같은 길로 다니면 그 경로에 관해서 점차 숙지하게 될 것입니다.

그런데 어느 날, 도중에 직장 동료의 전화가 걸려와서는 "갑자기 손님이 오셨으니까, 손님이 드실 점심밥을 사다줘."라고 요청했다고 해보죠. 내가 아는 한 이 경로에 점심밥을 포장하기에 알맞은 가게는 없는데, 어떡하지…. 고작해야 스마트폰으로 맛집 사이트를 허둥지둥 검색하는 게 최선이겠죠.

그와 달리 매일 다른 길로 역에서 직장까지 다닌다고 해보죠. 즉, 그 지역의 여기저기를 '탐색'했다면. 대부분의 통근길은 최단 거리가 아니겠지만, 곁길에서 다양한 발견을 할 수 있습니다. 강가에 맛있는 샌드위치 가게가 있는 것. 직장 뒤에 편안하게 쉴 수 있는 공원이 있는 것. 여름날 오후에 어느 길로 가야 그늘이 있는가. 저 길은 어디와 연결되는가. 그런 것들을 알게 되겠죠. 직장 주위의 '길눈'이 밝아지는 것입니다.

가시노 씨에 따르면 그런 길눈이 운동 기술에서도 중요하다고 합니다. 유일하고 절대적인 정답인 최단 경로라는

[**도판 7**] '길눈'이 있으면, 길을 헤매도 수정할 수 있다.

'선'이 아니라 주변 일대라는 '면'으로 파악해두는 것. 그것이 중요한 이유는 환경의 변화와 더불어 자기 자신의 컨디션 변동에도 대응할 수 있기 때문이라고 가시노 씨는 말합니다. 최적 풀이·최단 거리만을 목표로 하는 기계적 재현성을 추구하는 투수는, 몸이 조금이라도 나빠지면 자신이 어디에 있고 어디로 가야 하는지 모르게 되어버립니다.

야구 선수들을 힘들게 하는 '입스yips●'의 원인도 기계적 재현을 추구했기 때문이 아닐까 가시노 씨는 추측하고 있습니다. 최적화가 지나쳐서 한 가지 방식을 끝까지 파고들면, 어쩌다 그 방식이 제대로 되지 않았을 때 회복하기가 어려워집니다. 유연함이 사라져버린 것이죠. "오늘은 상태가 안 좋다고, 바로잡아야겠다고 생각하는데, 어느 방향으로 수정하면 좋을지 오리무중일 때가 있어. 그래서 훈련을 지나치게 하고 무리해버리는 거야."

그렇지만 '길눈'이 있으면, 상태가 나빠서 자신의 현재 위치를 모르게 되어도 완전히 길을 잃지는 않습니다. 가시노 씨는 말합니다. "현재 위치를 알지 못하는 거니까 주위의 풍경, 개략적인 지형도를 가지고 있는 게 무척 중요해요. 아무리 자세한 지도라도 극히 일부에 불과한 영역만 담

●
기존에 잘하던 동작을 어느 날 갑자기 제대로 하지 못하게 되는 증상. 예를 들어 투수가 갑자기 스트라이크를 던지지 못하거나 골프 선수가 공을 제대로 맞추지 못하는 것 등이 있다.

고 있다면 지도 밖으로 한 발 나간 그 순간 바로 속수무책이 되죠."

그렇지만 실제는 어떨까요. 현대의 야구 교육은 각종 수치를 활용하는 스포츠 통계가 도입되면서 더욱더 유일하고 절대적인 투구법에 과잉 적응한 투수를 늘리고 있는 게 아닌가, 하고 가시노 씨는 경종을 울립니다. 오직 하나의 길을 파고드는 정답파 투수와 구와타처럼 계속 흔들리는 길눈파 투수. 그들의 차이가 무엇인지는 잠시 뒤에 다시 생각해보겠습니다.

손에 배신당하다

운동에 흔들림이 있는 덕분에 '변동 속의 재현'이 가능해진다. 탐색 덕분에 '길눈'을 익히게 되고, 나아가 그 길눈이 탐색의 가능성을 넓힌다.

이런 내용은 들어보면 어느 정도 납득할 수 있습니다. 저는 최고 수준의 운동선수나 피아니스트의 몸을 체험해본 적은 없지만, 지금까지 제가 무언가 기능을 습득했던 과정을 미루어 생각해보면 '아마 그렇겠지.'라고 상상해볼 수는 있었습니다.

그렇지만 어떻게 해도 직감적으로 이해하기 어려운

것은 구와타 본인이 자신의 흔들림을 의식하지 않는다는 사실입니다. 당사자는 '오늘은 바닥이 무르니까 체중 이동을 평소보다 덜 하자.'라는 식으로 생각하며 자세를 조정하지 않습니다. 그러기는커녕 "전부 똑같은 감각으로 던졌다."라고 할 정도죠.

그렇다고 구와타 전 선수가 둔감하다는 말은 아닙니다. 오히려 반대로 그는 자신의 움직임에 대해 보통 사람보다 훨씬 섬세한 감각을 지니고 있습니다. 그럼에도 불구하고 투구 자세의 흔들림은 구와타가 의식적으로 만들어낸 것이 아닙니다.

요컨대, 흔들림도 길눈도 의식의 바깥에서 일어난 일이며 당사자는 그걸 모른다는 말입니다. 나도 모르는 사이에 몸이 움직이고 있다. 가시노 씨의 말을 빌리면 이렇습니다. "몸이 멋대로 문제를 풀고 있다." 그 현상은 그야말로 '몸이 의식을 추월한 것'이며, 몸의 자유분방함이 그대로 드러난 사례입니다.

그렇다 해도 구와타는 철저하게 '시치미'를 뗐습니다. '나는 그럴 셈으로 하고 있다.'라는 '감각'과 '몸은 실제로 이렇게 움직이고 있다.'라는 '운동'의 괴리. 아무리 '몸이 문제를 풀고 있다'지만, 그 풀이 방식은 좀 무섭기도 합니다. 몸이 멋대로 움직인다니, 무언가에 몸을 빼앗긴 것만 같죠.

사실 구와타에게서 나타나는 감각과 운동의 괴리는 그저 매번 일어나는 '변동'에 관한 것만은 아닙니다. 가시노 씨의 연구를 통해 보이기 시작한, 또 하나의 더욱 충격적인 사실을 참조하겠습니다.

커브를 던지는 법에 대한 것입니다.

커브를 던지려면 공에 회전을 주어야 합니다. 투수가 공에 가한 회전의 축에 따라 공의 궤적이 타자 앞에서 수평 방향으로 휘거나 수직 방향으로 떨어지죠. 떨어지는 커브의 경우에는 공의 회전이 톱 스핀top spin이라고 하는데, 회전축이 가로 방향이며 공의 위쪽이 투수에게서 멀어지고 아래쪽은 투수에게 다가오는 식으로 회전합니다.

그렇다면 어떻게 공에 회전을 주어야 할까요? 구와타에게 그 방법을 물어보면, 그는 그 핵심을 다음처럼 답할 것입니다.

［도판 8 참조］

① 가운뎃손가락을 써서 공의 보이지 않는 면을 아래쪽으로 회전시킨다.
② 엄지손가락을 써서 공의 보이는 면을 위쪽으로 튕긴다.
③ 팔을 휘두르는 법이 투심two-seam이나 포심four-seam•과는 다르다.

투심과 포심 모두 흔히
직구라고 불리는 빠른
구종으로 두 구종은 공
을 잡는 법이 다르다.

확실히 머릿속으로 상상해보면, 공의 보이는 면과 보이지 않는 면에 서로 반대되는 힘을 가하면 톱 스핀으로 공이 회전한다는 걸 알 수 있습니다. 다만, 팔을 휘두르는 법이 다른 구종과 다르기 때문에 습득하기가 어렵지요. 앞선 내용이 구와타 자신이 커브를 던질 때 머릿속으로 그리는 '감각'입니다. 실제로 계속 그런 감각으로 던져왔지요.

그런데 계측 결과 알게 된 사실은, 구와타의 몸이 그런 감각처럼 움직이지 않는다는 사실이었습니다.

① 공의 보이지 않는 면을 아래쪽으로 문지르는 것은 맞지만, 사용하는 손가락은 가운뎃손가락이 아니라 집게손가락이었다. 애초에 힘을 가하는 손가락이 달랐다.

② 손에서 공을 놓는 순간까지 엄지손가락이 공을 받치고 있지만, 위로 튕기지는 않았다. 공을 튕기려면 엄지손가락이 바깥쪽으로 펴져야 하는데, 오히려 손바닥 안으로 숨는 듯한 움직임을 보였다. 즉, 손가락이 하는 역할이 달랐다.

③ 또한 팔을 휘두르는 방식도 투심이나 포심을 던

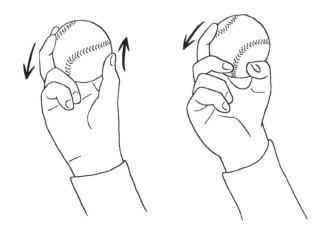

[**도판 8**] 구와타가 머릿속으로 그리는 커브를 던지는 법(왼쪽)과
실제 커브를 던질 때 손의 움직임(오른쪽).

질 때와 같았다. 가시노 씨의 표현을 빌리면 모두
"오래전 수은체온계를 휘두르는 듯한 움직임". 손
으로 사람을 부르듯이 위에서 아래로 손목을 꺾는
것이 아니라 손바닥의 방향이 점점 변화하다 마지
막에는 바깥으로 열리는 동작이 어느 구종을 던질
때든 똑같이 필요했다. 구와타는 '커브는 다른 구종
과 다르다'고 생각했는데, 그렇지 않았다.

다시 말해, 이런저런 점을 고려해봐도 구와타의 몸은
자신이 그리는 움직임과 다르게 움직였던 것입니다.

충격적인 사실은 이것들이 전부 '손'과 관련해 일어난 다는 것입니다. 두말할 필요 없이 손이란 우리에게 가장 도구적이고 표현적인 신체 부위입니다. 지갑이 떨어질 것 같아서 손을 쭉 뻗었다. 우리 팀이 이겨서 기분이 좋았는데 손이 이미 만세를 하고 있었다. 이른바 손은 우리 의식이 연장된 듯한 부위입니다.

그런 손에 감각과 운동의 엇갈림이 발생한 것입니다. 아마도 구와타의 손은 현역 시절부터 의식과 전혀 다른 움직임을 계속 해왔을 것으로 추정됩니다. 1장에서 언급했듯이 피아니스트가 쇄골과 턱 등 손 외의 부위를 신경 쓰지 않고 소홀히 여기는 것은 이해가 됩니다. 그런데 투수의 손이, 의식에서 빠져나가 자유분방하게 움직였습니다. 구와타는 오랫동안 손에 배신을 당해왔다고 할 수 있습니다.

단, 이 사례에서도 중요한 것은 공의 회전 자체는 구와타의 의도대로 깨끗한 톱 스핀이 걸렸다는 사실입니다. 투구 자세가 흔들려도 제구는 정확했듯이, 커브를 던질 때도 손은 머릿속에 그린 대로 움직이지 않았지만 그 결과인 공의 회전은 구와타의 뜻대로 되었던 것입니다. 실제와 다른 이미지를 품는 방법으로 결과를 제어한다. 이것이 구와타의 운동 기술에 있는 경이적인 특징입니다.

암묵지: 레일에 공을 올려둘 뿐

의식하지 못하지만, 몸은 그렇게 하고 있다. 20세기의 물리화학자 마이클 폴라니Michael Polanyi는 인간이 지닌 이런 지식을 '암묵지暗默知, tacit knowledge'라고 불렀습니다.

폴라니는 인간의 지식을 분석하면서 자신은 다음과 같은 사실로부터 시작한다고 선언했습니다. 즉, **"우리는 말로 표현할 수 있는 것보다 많은 것을 알 수 있다."**[11] 다만, 폴라니가 염두에 둔 것은 구와타 같은 엘리트 운동선수만이 아니라 극히 평범한 우리의 지식 전반입니다. 얼굴을 분별하는 능력, 자전거를 타는 능력, 말로 이야기하는 능력… 확실히 우리의 일상적 행위 중에도 '어떻게 하는지 설명은 못 하지만 할 수 있는 것'이 여럿 있습니다.

폴라니는 영국의 철학자 길버트 라일Gilbert Ryle을 따라 '안다'를 두 종류로 나누었습니다. 두 종류란 '대상을 안다knowing what'와 '방법을 안다knowing how'입니다. 전자는 '캐나다는 미국보다 크다.'처럼 언어화하여 타인에게 전할 수 있는 앎을 가리킵니다. 흔히 우리가 '지식'이라 하는 것이죠. 그에 비해 후자는 언어화할 수 없는 앎을 가리키며, 그것이 암묵지에 해당합니다.

흥미로운 점은 폴라니가 암묵지의 특징을 '의미의 멀어짐'이라고 분석한다는 것입니다. 폴라니는 말했습니다.

"대체로 의미는 우리 자신에게서 멀어지는 경향이 있다."[12]

이게 무슨 말일까요. 폴라니가 예로 든 것은 동굴을 탐사하면서 막대를 사용해 여기저기 더듬거나 시각장애인이 흰 지팡이로 발밑을 확인하는 모습입니다.

처음으로 탐사용 막대를 쓰는 사람은 누구나 자신의 손가락과 손바닥으로 충격을 느낄 것이다. 하지만 탐사용 막대기나 흰 지팡이를 사용해 앞쪽을 탐색하는 데 익숙해질수록 손이 느끼는 충격이라는 감각은 지팡이 끝이 탐색 대상을 건드리는 감각으로 변화해간다. 그런 식으로 일종의 번역적 노력 덕분에 무의미한 감각이 유의미한 감각으로 바뀌고, 원래 있었던 감각으로부터 멀어지는 것이다. 주의를 기울이는 탐사용 막대나 지팡이의 끝 부분에 깃든 의미에 따라서 우리는 자신의 손에 전해지는 감각을 감지하게 된다. 도구를 사용할 때도 마찬가지다. 우리는 도구를 사용해 얻은 성과를 통해서 도구의 감촉이 의미하는 것에 주의를 기울인다. 이것을 암묵지의 '의미론적 측면semantic aspect'이라고 부르겠다.[13]

새롭게 쓰는 도구가 아직 낯설 때, 우리는 '느슨하게 잡으면 진동이 더 잘 느껴진다.'라거나 '그런데 너무 느슨하게 잡으면 막대가 손에서 빠져나갈 것 같다.'라는 등 자신의 몸 그 자체나 몸과 도구의 관계에 주의를 기울입니다. 즉, '자기 가까이'에 신경 쓰는 것입니다.

그런데 도구를 쓰는 데 점점 능숙해지면 '가까이를 향한 주의'는 사라집니다. '바닥에 살짝 골이 있으니 살펴보자.' 혹은 '여기 바위 표면은 이상하게 매끈매끈하네.' 같은 식으로 손안의 진동이 '골'로, 막대가 잘 미끄러지는 것이 '매끈매끈한 바위 표면'으로 '번역'되는 것입니다. 이처럼 내 손에 들어온 무의미한 물리적 정보를 대상과 관련한 의미로 느낄 수 있게 됩니다.

그때, '손'과 '도구'는 이른바 투명화됩니다. 탐험가와 시각장애인은 '바위 표면'과 '골'이라는 의미를 자기 손으로 만지고 있는 듯이 직접적으로 포착합니다. '가까운 것에서 먼 것을 향해 주의가 옮겨가고, 가까운 것 속에서 먼 것을 느낀다.' 이것이 암묵지의 구조라고 폴라니는 말합니다.

나아가 '골'과 '바위 표면'이라는 의미는 그것을 느끼는 사람에게 다음 행동을 유발합니다. '몸과 도구를 향한 의식'이 아니라 '도구를 사용해서 얻은 의미'를 통해 행위가 태어나는 것입니다. 당사자도 왜 그처럼 자기 몸을 사용했는지는 모릅니다.

구와타의 투구에 일어난 일도 이와 마찬가지일 것입니다. 공을 던질 때 구와타의 의식은 공의 궤도와 스트라이크 존 같은 '먼 것'을 향해 있고, 공을 어떻게 잡을지, 팔을 어떻게 휘두를지 하는 '가까운 것'은 정확히 포착하지 못합니다. '아까보다 공 한 개만큼 왼쪽으로 던지자.'라고 생각하면 '가까운 것'을 향해, 즉 손과 팔을 구체적으로 조정하기 위해 의식을 기울이지 않아도 알아서 몸의 움직임이 수정되고 목표한 곳으로 공을 던지죠. 그야말로 '가까운 것 속에서 먼 것을 느끼는' 상태입니다.

가시노 씨는 이 '가까이/멀리' 문제를 운동과학의 용어를 사용해 '인터널 포커스internal focus'와 '익스터널 포커스external focus'라고 부릅니다.

'인터널 포커스'란 운동할 때 몸을 의식하고 직접 제어하려는 방식입니다. '다리를 이만큼 벌리고, 무릎은 이쪽을 향하고, 허리 높이는 이 정도에, 팔은 이렇게 들고, 턱은 조금 당기고….'라고 몸의 각 부위를 세세하게 확인합니다.

그에 비해 '익스터널 포커스'란 몸이 아니라 환경이나 도구에 주의를 기울입니다. '저 막대와 막대 사이를 노리고 던지자.' '오른발로 지면을 누르자.' 몸뿐 아니라 외부의 목표를 신경 쓰고, 그 문제를 몸이 '알아서 풀게 하는' 방식입

[도판 9 참조]

88

[**도판 9**] 익스터널 포커스(왼쪽)과 인터널 포커스(오른쪽).

니다.

　굳이 설명할 필요 없이 구와타는 익스터널 포커스 유형의 운동선수입니다. '저기로 공을 던지자.'라는 외부의 목표에 대한 의식이 강하고, 몸의 움직임에 관해서 몇몇 확인 사항이 있긴 해도 몸을 세세하게 제어하려는 의식은 희박하죠.

　다른 관점에서 바라보면 구와타는 '몸을 자유롭게 놔둘 줄 안다.'라고도 할 수 있습니다. 일일이 몸에 개입해서 움직임을 제어하는 것이 아니라 그때그때 변화하는 목표와 환경 속에서 최적의 투구 방식은 무엇인가 하는 문제를 몸이 멋대로 풀게 할 수 있는 것입니다. 몸을 방임하는 것이죠.

어느 날, 가시노 씨는 구와타에게 공을 시간적으로 제어하는지, 아니면 공간적으로 제어하는지 물어본 적이 있다고 합니다. 돌아온 답은 구와타답게 놀라운 것이었습니다. "레일이 있으니까, 그 어딘가에 공을 올려둘 뿐이에요."

몸이 알아서 문제를 푼다는 것은 일종의 자동화한 움직임으로 느껴집니다. 그것이 구와타가 말한 "레일에 공을 올려둘 뿐"이라는 표현에 결집된 듯합니다. 레일 대신 '터널'이라고 말할 때도 있다는데, 그 터널은 상황에 따라 폭이 달라진다고 합니다.

달인은 몰합리적

구와타 같은 최고의 운동선수만이 도달할 수 있는 '몸이 멋대로 문제를 푸는' 상태. 철학자 휴버트 드레이퍼스Hubert Dreyfus는 그와 같은 '몸의 방임'에 관해 기능 숙달의 단계에 근거해 좀더 깊이 분석했습니다.

드레이퍼스가 거듭해서 지적하는 점이 있는데, 성인의 기능 획득과 어린아이의 지적 학습은 진행 방향이 반대라는 것입니다.

덧셈을 배울 때를 생각해보면 명백히 알 수 있듯 어린아이의 학습은 구체에서 출발해 추상으로 나아갑니다. 처음에는 '사과가 세 개, 귤이 두 개' 같은 일상적이고 떠올리기 쉬운 사례에서 시작하고, 최종적으로는 x+4y 같은 문자식을 계산할 수 있게 됩니다. 구체적인 사례에서 추상적인 규칙을 이해하는 것으로 학습이 진행되죠.

그에 비해 어른의 기능 획득은 추상적인 것으로 학습을 시작하고 점점 구체적인 목표를 향해 나아간다고 드레이퍼스는 말합니다.

무슨 뜻일까요. 드레이퍼스는 기능 획득을 다섯 단계로 나눕니다. ① 초보자 → ② 중급자 → ③ 상급자 → ④ 프로 → ⑤ 달인이라는 단계입니다. 드레이퍼스가 제시한 사례에 따라서 살펴볼까요.[14]

우선 ① 초보자는 '규칙을 익히는 단계'입니다. 여기서 배우는 규칙이란 '주위에서 일어나는 일을 무시해도 적용할 수 있는', 맥락이 불필요한 법칙입니다. 예를 들어 수동 변속기 차량으로 운전을 처음 배우는 초보자가 어느 속도에서 차량 간 거리가 얼마일 때 기어를 바꿔 넣는지 배우는 상태지요. 그때 도로의 정체 여부나 앞선 차량의 급제동 등은 무시됩니다.

그다음은 ② 중급자. 맥락이 불필요한 법칙뿐 아니라 '상황에 의존하는 규칙'도 몸에 익히는 단계입니다. 운전자를 예로 들면 그저 부주의한 운전과 서두르지만 주의 깊은 운전을 분간할 수 있게 되고, 수습 간호사라면 숨소리에서 폐부종과 폐렴의 차이를 알 수 있게 되는 단계입니다.

③ 상급자가 되면 기계적으로 규칙을 지키는 것이 아니라 그때그때 목적에 맞춰 판단을 내릴 수 있게 됩니다. 간호사의 경우에는 어느 환자가 무엇을 긴급하게 원하는지 살펴보고 일의 순서를 계획합니다. 보편적인 절차가 없는 만큼 상황을 정리해서 계획을 세우는 것이 중시되는 단계입니다. 한마디로 정리하면 '문제 해결적'인 접근이 취해지는 단계지요.

④ 프로 단계에서는 객관적인 선택과 판단이 사라지고, 더욱더 주관적인 관점에서 바라보게 됩니다. 권투 선수가 공격에 나설 순간을 판단할 때처럼, '자신과 상대의 자세나 위치를 분석한다'기보다는 '눈앞의 광경과 몸의 감각이 과거에 비슷한 상황에서 공격이 적중했던 기억을 되살린다'고 표현할 수밖에 없는 단계입니다. 일정한 패턴을 세세한 구성 요소로 분해하지 않고 전체를 파악하는 '직관'과 '요령'이 작용하는 상태죠.

그리고 ⑤ 달인. 달인의 특징은 일종의 '자동성'이 있다는 것입니다. 자신이 하는 일이 평범하게 진행되는 한, 달인은 문제 해결도 하지 않고 의사 결정도 내리지 않습니다.

달인이 되면, 경험에 근거하여 원숙해진 이해력에 기초해 무엇을 해야 하는지 판단할 수 있다. 시시각각 변하는 상황에 대처하는 데 몰두하여 문제를 객관적으로 바라보며 해결하려 하지 않고, 나중을 걱정하거나 계획을 세우지도 않는다. 인간은 걷거나 말하거나 자동차를 운전할 때 보통 의식적으로 생각한 끝에 판단을 내리지 않는다. 그처럼 달인의 단계에서는 기능이 몸의 일부처럼 익어서 거의 의식할 필요가 없게 된다. 달인 수준의 운전자는 자동차와 일체가 되어 자신이 자동차를 움직인다기보다 자동차와 내가 함께 움직이는 듯이 느낀다. 아장아장 걷는 어린아이가 의식적으로 몸을 움직이는 데 비해 어른이 아무런 의식적 노력 없이 걷는 것과 마찬가지다. 비행기 조종사에 따르면 초보자일 때는 자신이 비행기를 날린다는 감각이 있었지만, 베테랑이 되자 비행기가 스스로 날아가는 듯이 느껴진다고 한다.[15]

'비행기를 날리는 것'이 아니라 '비행기가 날아간다'. 앞선 글에서 엿보이는 자동성은 그야말로 구와타의 "레일에 공을 올려둘 뿐"이라는 말과 통하는 구석이 있습니다. 일일이 멈춰 서서 생각하지 않아도 좋은 결과를 내기 위해 해야 할 일이 끝난 상태. 노력과 반성의 여지가 없는 만큼, 달인은 자신이 놓인 상황이나 사용하는 도구와 하나가 되어 있습니다.

물론 그러는 것은 달인의 행위가 한창 잘 풀릴 때입니다. '달인은 아무 생각도 하지 않는다'고 하지만, 그건 '몸에 맡길 때'에 한정될 뿐이고, 돌발적인 사고가 일어났을 때나 잘 풀리지 않을 때, 혹은 매일매일 연습할 때 달인은 오히려 '매우 많은 생각'을 합니다.

어쨌든 이와 같은 단계를 통해서 성인의 학습이 추상적인 규칙과 멀어지고 구체적인 상황으로 파고든다는 것을 알 수 있습니다. 그야말로 가시노 씨가 말한 '변동 속의 재현'입니다. '달인일수록 복잡한 규칙을 알고 있다'는 것은 오해이며, 어린아이의 학습과 달리 기능 습득은 깊이 파고들수록 규칙과 멀어지게 마련입니다.

그 때문에 드레이퍼스는 달인에게 규칙을 물어서는 안 된다고 말합니다. "달인에게 규칙을 언어로 표현하라고 채근하면, 달인은 초보자 단계로 후퇴해서 자신이 기억은 하지만 더 이상 쓰지 않는 규칙을 답하고는 한다."[16]

그러고 보면 구와타가 입에 담는 말의 단순함에 놀랄 때가 있다고 가시노 씨는 말했습니다. 투구할 때 무엇을 의식하느냐고 질문했을 때 구와타의 답은 "우선 오른 다리의 고관절에 체중을 싣고, 그걸 왼 다리의 고관절로 옮긴다."였습니다. "체중 이동을 한다고만 답한 것 같지만, 그 답에는 곁가지가 아닌 단단한 본질이 있어요."라고 가시노 씨는 말합니다.

드레이퍼스에 따르면 합리성과 비합리성 사이에는 '몰※합리성'이라 불러야 할 법한 광대한 영역이 있습니다. '몰합리적'인 행동이란, "의식적인 분석과 합성이 함께하지 않은 행동"을 가리킵니다. "상급자 단계의 행동은 합리적, 프로는 과도적, 달인은 몰합리적"[17]인 것입니다.

기술 언어

물론, 그렇다 해서 달인의 기능을 언어로 표현하려는 시도가 쓸데없는 짓은 아닐 것입니다.

암묵지가 말과 동떨어진 듯이 보이는 이유는, 바로 암묵지가 아직 언어화되지 않은 의미의 가능성을 제시하기 때문입니다. "신체와 사물의 충돌이 일어났을 때, 암묵지는 그 충돌의 의미를 포괄(=이해)함으로써 주위의 세계를 해석한다"고 폴라니는 말합니다. 학습이란 세계에 대한 해석을 만들어내는 일입니다. 폴라니는 학습에서 생명을 새롭게 하는 진화의 동인까지도 보았던 것입니다.

　언어화가 필요한 구체적인 장면은 기능을 전달할 때입니다. 자신의 기술을 그대로 언어화하기가 불가능하다는 사실을 알면서도 사람은 자신의 감각을 후배와 동료와 제자에게 전하려 합니다. 그 장면은 언어의 힘이 시험을 받는 때이기도 하죠.

　누군가가 자신의 기능을 타인에게 전하기 위해 쓰는 말은 '기술언어ゎざ言語'[18]라고 불립니다. 기술언어란 그저 '가르치다' '전수하다' 등과 달리, 학습자를 탐색으로 이끄는 역할을 합니다.[19]

　일본에서 유명한 사례를 들면, 그 명대사 "차, 슈, 멘!"이 기술언어 중 하나일 것입니다. 그 대사는 지바 데쓰야ちばてつゃの 골프 만화 『그린의 정복자』에서 주인공이 골프 스윙을 성공시키기 위해 외치는 구령입니다. "차"에서 백스윙을 시작하고, "슈"에서 정점에 도달하며, 클럽을 아래로 휘둘러 공을 치는 순간에 "멘!"이라고 외칩니다.

　가시노 씨도 기술언어의 가르침을 받은 적이 있다고 합니다. 가시노 씨는 야구 선수의 운동 능력을 연구할 뿐 아니라 자신도 직접 하고 있습니다. 40대 후반부터 점심시간을 활용해 연구소 동료들과 야구 연습을 하는 것입니다.

　가시노 씨는 커브를 던지고 싶었습니다. 처음에는 구

와타의 말을 참고해서 공을 회전시키려 했지만, 어떻게 해도 공에 회전이 잘 걸리지 않았죠. 구와타의 이미지가 가시노 씨에게는 잘 맞지 않았던 것입니다.

　　그러던 때, 연구소에 찾아온 어느 프로야구 선수가 조언을 건넸습니다. "공을 엄지와 검지로 감싸고, 손목은 고정한 채, 손가락 사이를 통해 공을 위로 빼내는 느낌으로 던져보세요." 그 선수의 조언에는 의식적으로 공을 회전시키는 동작이 전혀 없었습니다.

　　그런데 해보니까, 그럭저럭 잘됐습니다. "이게 될까 하면서 해봤는데, 확실히 그쪽이 좀 가능성이 있었어요. 저한테 손으로 비튼다는 이미지는 전혀 없었지만, 확실히 톱 스핀 같은 게 걸리더라고요. 가르쳐준 분이 하는 것만큼 깨끗하진 않지만요."

　　가시노 씨의 머릿속에는 '비튼다는 이미지가 없지만', 결과적으로 톱 스핀 같은 것이 걸렸습니다. 직감에 반대되는 방식이지만, 바로 그렇기 때문에 그 선수가 준 조언은 가시노 씨를 그때까지 시도해보지 않았던 움직임으로 이끌어주었습니다. 그 말 덕분에 바로 방법을 체득한 것은 아니었지만, 새로운 탐색의 가능성이 생겨났죠.

첨단 기술은 사각지대에 빛을 비추지만

그렇지만 언제나 가시노 씨의 커브처럼 잘 풀린다고는 할수 없습니다. '기술언어'는 애초에 '전할 수 없는 것을 전하는' 언어이며, 매우 주관적이고 개인적입니다. 구와타처럼 자신의 방식을 정확히 파악하지 못하는 경우도 있겠죠. 서로 엇갈리는 경우도 많을 것입니다.

실제로 가시노 씨에 따르면 코치와 소통 문제를 겪고 연구소에 찾아오는 선수가 많다고 합니다. 코치에게 자세가 이상해졌다고 지적을 받아도 선수는 그럴 리가 없다고 납득하지 못하는 것입니다. "똑같은 물통인데 아래에서 보고 '이건 원이네요.'라는 사람이 있는가 하면, 옆에서 보고 '이건 직사각형이에요.'라는 사람도 있다." "관점이 다르다는 건 정말 만만치 않은 문제다."

예전에 어느 사회인 야구 선수가 '등판만 하면 타자에게 얻어맞는' 슬럼프에 빠져서 중요한 시합을 앞두고 자신도 이유를 알 수 없는 상황에 처했습니다. 코치는 투구 자세의 변화를 지적했지만, 선수에게는 좀처럼 가닿지 않았죠. '그건 잘되는데.'라는 느낌이었다고 합니다.

그 선수는 가시노 씨의 연구소에 와서 한동안 투구 자세를 촬영하고 투구 직후에 시차를 두고 영상을 보는 걸 해봤습니다. 그러자 이윽고 '코치가 말한 게 이거였구나.'라고 알게 되었죠. 선수의 표현을 빌리면 "납득했다". 말만 들어서는 와닿지 않았던 조언이 영상과 연결되자 선수가 완전히 놓치고 있었던 틈새를 밝혀주었던 것입니다.

이 사례에서는 말에 더해 최신 기술이 새로운 탐색의 가능성을 만들어주었습니다. "우리의 해석이 없었다면 그건 절대로 찾아내지 못했을 거예요."라고 가시노 씨는 말합니다. 아마 코치가 지적한 부분은 그 선수에게 '평소에 다니는 경로 바깥'이었겠죠. 자기는 모르는 동네의 이야기를 자기가 아는 경로의 이야기로 이해하려 했으니 와닿지 않았던 것입니다. 하지만 영상으로 다시 보면서 자신만의 관점에서 벗어나 객관적으로 자세를 관찰할 수 있게 되었죠.

최신 기술은 인간의 '사각 지대'에 닿는 도구다, 하는 말을 들을 때가 있습니다. 선수 자신의 내면에서도 감각과 운동이 엇갈리고, 개개인마다 감각이 다르기도 합니다. 그런 사실이 수업 현장에서 혼란을 불러일으킨다면, 신기술로 운동을 객관화하여 주관의 사각 지대를 밝히는 것은 그야말로 수업을 위한 '새로운 언어'가 될 수 있으리라 생각합니다.

그렇지만 바로 그 때문에 신기술이 '스승'이 되지 않도록 조심해야 한다고 가시노 씨는 말합니다. 잘하는 사람의 방식을 그러지 못하는 사람에게 일률적으로 적용하고 '이렇게 하면 할 수 있어.'라며 나도 모르게 지시를 내려서는 안 된다는 말입니다. 1장에서 다룬 피아노 연주와 달리 운동 경기에는 유일하고 절대적인 평가 기준이 존재하기 때문에 자칫하면 표면적인 움직임을 수정하는 데만 몰두하고 맙니다. 하지만 고심하는 선수에게 그런 방식으로 접근해봤자 잘 풀리지는 않죠.

연구자 중에 자주 "숫자는 거짓말을 하지 않는다." 같은 말을 하는 사람이 있는데, 저희는 그렇게 하지 않아요.

저도 그런 함정에 빠진 적이 몇 번이나 있어요. 일거수일투족, 이때는 체중을 이렇게 싣고, 이런 자세로… 하는 식으로 접근했죠. 하지만 그런 방법에는 효과가 없었어요.

가령 2군 선수와 1군 선수의 데이터를 계측한다고 해볼까요. 선수에게 투수의 손에서 놓인 공이 타자에게 도달할 때까지 0.4초 동안 좋은 타자는 0.1초 더 오래 공을 추적한다는 말을 해도, 의식의 용량을 넘어설 뿐입니다. 말을 들어도 선수는 개선할 수 없죠. 그런데 그 사실을 어느 구단의

2군 선수 세 명에게 전했더니 그중 한 명이 진짜로 전보다 나아졌어요. 7년 동안 2군이었는데 1군으로 올라갔죠. 그 선수는 당시 저희의 조언에 "그런 이야기는 들어본 적 없어요. 더 신경 쓰겠습니다."라고 했어요. 그러니까 그 선수가 들은 대로 했다기보다는 그런 방향이 있다는 걸 처음 의식했다고 봐야겠죠.

확실히 해석의 결과로부터 '잘하는 사람은 이렇게 한다.'라고 수치를 보여주는 것은 할 수 있습니다. 하지만 그 수치가 그대로 선수에게 처방전이 되느냐 하면, 그건 다른 이야기입니다. '0.4초 중에 0.2초일 때 눈의 움직임이 중요'하다는 말을 들어도 그 조언대로 할 수는 없습니다. 가령 해낸다 해도, 한 곳을 바꾸면 다른 곳에 영향을 미칠 가능성이 있지요. 사람의 몸이란 컴퓨터로 하는 물리 시뮬레이션과 다르기에 수치를 조작하듯이 자유자재로 조종할 수는 없습니다.

물론 규칙을 배우는 단계인 초보자와 중급자라면 '이렇게 하는 게 좋다'고 외부에서 수치를 제시하는 것도 효과가 있겠죠. 가시노 씨의 말을 빌리면 인터널 포커스에 기초한 접근 방식입니다. 실제로 초보자와 중급자 단계는 배우는 내용에 따라 전체 학습에서 꽤 많은 비중을 차지할 수 있습니다.

그렇다 해도 일정 수준을 넘어선 학습자를 상대할 때는 역시 최신 기술이 '스승'의 자리에서 물러나야 한다고 가시노 씨는 말합니다. 해석을 거친 데이터는 미지의 대지가 존재함을 알려주는 '등대'일지 몰라도, 그대로 따라야 하는 '교본'은 아니라는 것이죠.

가시노 씨조차 '몇 번이나 함정에 빠졌다'는 교본의 유혹은 과학과 공학이라는 분야가 본질적으로 지닌 성격 때문일 것입니다. 왜냐하면 과학과 공학은 대상을 바깥에서 분석하고 제어하려는 경향이 강하기 때문입니다.

그런 의미로 기능 전승의 문제에는 과학과 공학에 대한 근본적인 도전이 포함되어 있다고 할 수 있습니다. 왜냐하면 기능 전승에서는 개개인의 주관적 인상과 신체적 개별성 등 지금까지 과학과 공학에서 배제하려 했던 요소를 다뤄야 하기 때문입니다.

그리고 이런 문제에 맞섰던 사람이 바로 앞서 언급한 폴라니입니다. 폴라니가 암묵지라는 개념에 주목한 것은 근대 과학의 한계를 뛰어넘기 위해서였습니다.

이리하여 우리는 대단히 중대한 문제의 출입구에

2장
나머지는 몸이 알아서 해준다

서게 되었다. 세상을 뒤덮은 근대 과학의 목적은 개인적인 것을 완전히 배제하고, 객관적인 인식을 얻는 것이다. 설령 이 이상과 어긋나는 것이 있어도 그저 일시적인 불완전성에 불과하기 때문에 우리는 그것을 제거하려 노력해야 한다는 말이다. 하지만 만약 암묵적 사고가 앎 전체에서 없어서는 안 되는 구성 요소라면, 개인적인 지적 요소를 전부 없애려 하는 근대 과학의 이상은 결국에 모든 지식의 파괴를 목표한다는 말이나 다름없을 것이다.[20]

폴라니에게 암묵지란 개인적인 앎을 배제하는 근대 과학에 대한 도전장이었습니다. 한 사람 한 사람 몸의 고유성과 마주하고 실제로 선수와 함께 연구하는 가시노 씨 역시 그런 맥락에서 신중하려 합니다. 첨단 기술은 사각 지대에 빛을 비출지도 모르지만, 스승은 아니다. 멋대로 문제를 푸는 몸을 어떻게 도와줄 수 있을까? 'n=1'인 고유성의 과학을 내세우는 가시노 씨의 도전은, 첨단 기술이 어떠해야 하는지에 대한 모색이기도 합니다.

맞을 것을 알 수 있다

이번 장에서 다루었던 것은 야구 중에서도 개인 기술이었고, 그중에서도 투구 자세에 관해서만 다뤘습니다.

그렇지만 현실에는 야구라는 경기만 봐도 훨씬 다양하고 복잡한 요소가 있습니다. 그것은 한 경기를 구성하는 여러 단계에, 구와타의 투구에서 엿보았던 '몰합리성'이 존재한다는 것을 뜻합니다.

이를테면 투수와 타자의 수싸움. 그 자신도 마운드에서는 가시노 씨는 야구 경기 중 자신의 행위가 자기만으로 완결되지 않는 듯한 느낌이 있다고 말합니다. 나 자신이 스스로는 어쩔 도리가 없는 흐름 속에서 행동하는 듯이 느끼는 것이지요.

(투수로 뛰다 보면) 타자한테 맞을 걸 알 수 있어요. 공을 던지고부터 얻어맞기까지가 하나의 이벤트가 되죠. '이건 맞을 만하네.'라는 매우 자연스러운 흐름으로요. '개인' 대 '개인'으로 타자에게 여러 선택지가 있어서 때렸습니다, 몸에 맞았습니다, 헛스윙했습니다, 하는 게 아니고요. 이미 '개인'이 아니에요. 하나의 이벤트를 두 사람이 같이 하는, 그런 느낌이죠. 음악의 합주와 비슷해요.

맞을 걸 알 수 있다. 타자에 맞서 승패를 겨룸에도 불구하고 맞는 게 당연하다고 느끼고 마는 것입니다. '레일에 공을 둘 뿐'과 비슷한 자동성이 이 장면에도 있습니다. 확실히 스포츠에서 '적'이란 불가사의한 존재입니다. 그것은 대결해야 하는 상대인 동시에, 나 자신의 행위가 상대의 행위로부터 이끌려 나오는 듯한 공동 작업의 동료이기도 하죠.

물론 스포츠의 세계에서는 실수하면 "에러"라는 말을 듣고, 그것이 선수와 팀의 '평가'로 이어집니다. 취미일 때는 그걸로 일체감을 즐길 수도 있지만, 프로가 되면 '승패'와 '결과'가 전부가 되죠. 하지만 몸의 실상에 근거해 생각하면 스포츠에는 '개인', '의지', '책임'으로는 설명할 수 없는 것이 잔뜩 있다고 가시노 씨는 말합니다.

이런 연구를 하다 보면 자유의지니 책임이니 개인이니 하는 것들이 미심쩍게 여겨져요. 탐색도 그런데, '당신을 의식하면서 당신 자신을 갈고닦으세요.'라고 할 수 있는 게 아니라는 생각이 들어요. 그보다는 오히려 '누가 그렇게 하게 했는지는 모르지만, 그렇게 하게 되었다.'라고 표현해야 하지 않을까 싶죠.

'나도 모르게 손을 내밀었다.' '어째서인지 공이 빨려 들었다.' 이렇게 설명할 수밖에 없는, 내 의지와 무관하게 무언가가 내 몸을 움직이는 느낌. 사회적 제도로서 선수들이 돈을 벌고 팬들이 즐기는 스포츠의 모습과 선수의 체감에 다가감으로써 보이는 스포츠의 양상이 반드시 일치하지는 않는다는 사실을 신체 기능의 연구가 드러내 보이고 있습니다. 사회적 제도로서 스포츠의 모습, 그 이면에 선수의 체감에 근거한 스포츠의 양상이 있음을 연구자로서 주의 깊게 살펴봐야 할 것입니다.

다만, 그렇다고 해서 '스포츠를 실제 체감에 근거한 것으로 바꾸어야 한다.'는 단순한 이야기는 아니라는 점도 주의해야 합니다. 설령 몸이 겪는 실상과 다르다 해도 사회적 제도로서 스포츠가 '개인', '의지', '책임'을 중시하기에 비로소 승부가 성립하는 것이고, 그렇기에 직업으로서 운동선수가 존재할 수 있는 것도 사실입니다. 아무리 신체적인 실상과 다르다고 해도, 사회적인 제도로서 스포츠의 양상은 스포츠 그 자체의 토대입니다.

마찬가지 이야기를 이 책의 주제인 '몸의 자유분방함' 그 자체에 관해서도 말할 수 있습니다. 의식을 추월하는 듯한 몸의 자유분방함은 몸의 가능성이 드러난 것이지만, 그 가능성을 그대로 현실 사회에 자유롭게 풀어놓아도 좋을까,

2장
나머지는 몸이 알아서 해준다

하는 점은 한 번 생각해야 합니다. 가령 '그럴 셈은 아니었는데 몸이 멋대로 폭력을 휘둘렀다.' 같은 말이 허용되면 사회는 성립될 수 없습니다. 사회가 잘 돌아가기 위해서는 적절한 제한과 제도가 필요하죠. 물론 그와 반대로 사회 제도와 도덕 탓에 몸의 가능성을 발휘할 수 없게 된 사람도 있을 것입니다.

'할 수 있음'과 '할 수 없음'의 경계는 본래 인간의 몸과 사회가 협의하여 정하는 것입니다. 몸의 잠재력을 뜻하는 '할 수 있음'의 범위가 있다 해도, 법률과 제도, 혹은 도덕과 윤리에 따라 그 범위는 조정되어야 합니다. 이 책이 다루는 것은 주로 몸의 잠재력이라는 의미에서 '할 수 있음'이지만, 현실에서는 사회적 관점도 잊어서는 안 됩니다. 스포츠의 세계가 그렇다고 우리에게 가르쳐줍니다.

3 장

실시간 코칭

—— 자신을 속이는 영상 처리

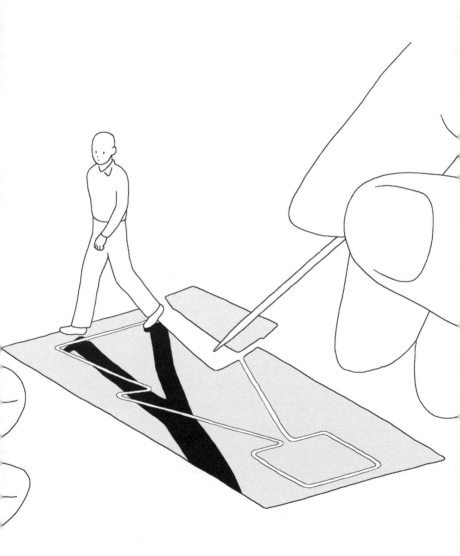

고이케 히데키
小池 英樹

1961년생. 도쿄공업대학교 정보이공학원 교수. 전문
분야는 인간-컴퓨터 상호작용HCI, human-computer
interaction으로 특히 지각형 사용자 인터페이스, 정보
시각화, 인간 확장이다. 도쿄대학교 공학계연구과 정
보공학 전공 박사 과정 수료. 공학 박사. UC 버클리
EECS 객원 연구원, 내각관방 정보시큐리티대책추진
실원(내각 사무관), 전기통신대학교 대학원 정보시스
템학연구과 교수, 도쿄공업대학교 대학원 정보이공학
연구과 교수 등을 거쳤다. IEEE 논문상, 라발 버추얼
Laval Virtual 그랑프리, 경제산업성 혁신기술 특별상 등
을 수상했다.

영상 처리로 기능 습득을 지원하다

지금까지 1장에서는 피아노 연주, 2장에서는 야구의 투구를 사례 삼아 '할 수 있음'을 위해서는 그때그때 변화하는 환경에 맞추어 방식을 유연하게 바꾸는 '변동 속의 재현'이 중요하다는 것, 그리고 그걸 지원하는 기술의 역할이 초보자에게는 '정답을 제시하는 것'이고, 상급자에게는 외려 '미지의 탐색 가능성을 유도하는 것'이라는 사실을 확인했습니다.

그렇다면 구체적으로 어떻게 하면 과학이 사람의 몸에서 '변동 속의 재현'을 포착하여 '미지의 탐색 가능성'을 끌어낼 수 있을까요? 그 방법을 탐구하는 시도 중 하나로 이번 장에서는 영상 처리 기술을 이용한 방법을 소개합니다.

영상 처리란 영상을 가공하여 새로운 영상을 만들어내거나 특정 정보를 추출하는 등 영상 데이터에 관한 처리 전반을 가리킵니다. 얼핏 생각해보면 영상과 몸은 별로 상성이 좋지 않을 것 같습니다. 평면과 입체, 정보와 물질, 디지털과 아날로그, 시각과 모든 감각… 이처럼 여러 면에서 영상과 몸은 정반대이기 때문이죠.

그렇지만 실제는 다릅니다. 정보 기술은 생각지 못한 방식으로 몸의 틈새를 찌르듯이 파고듭니다. 반대로 말하면, 영상 처리는 메트로놈과 벤치프레스처럼 몸의 움직임에 직접적으로 개입하지 못하기 때문에 맹점을 통해 몸에 관여할 수 있는 것이라고도 할 수 있습니다. 그 구조를 정보공학 전문가인 고이케 히데키 씨에게 물어보았습니다.

처음 고이케 씨의 연구실에 가보면 좋은 의미로 예상이 빗나갑니다. 눈앞에 펼쳐지는 것이 커다란 장난감 상자를 그대로 뒤집어엎은 듯한 어수선한 공간이기 때문입니다. 정보공학이라는 이름에서 연상되는, 커다란 컴퓨터가 조용히 빛을 내는 클린 룸과는 꽤 다른 곳입니다. 게다가 뭔가 재미있어 보이고요. 좌우로 미끄러지는 레일이 달린 스키 시뮬레이터, 골프 스윙을 할 수 있는 공간, 촬영용 그린 스크린이 달린 탁구대…. 대학 내 여기저기 흩어져 있는 고이케 씨의 연구실은 전부 체육관이나 오락실 같습니다.

연구실이 체육관이나 오락실처럼 보이는 이유 중 하나는 고이케 씨가 일반 대중에 판매되는 게임기와 장비를 개조하거나 부품을 유용해서 연구를 진행하기 때문입니다. 완성된 '제품'으로 팔리고 있는 것도 고이케 씨의 손에 걸리면 '소재'가 되어 다른 물건으로 다시 만들어지죠. 그는 그야말로 순수한 기술자입니다.

결국 무언가 새로운 걸 만들려고 할 때, 우리가 고안한 것 자체는 세상에 없지만 그 기능 일부는 현재 판매되는 게임기의 부품 등으로 설치되어 있기도 해요. 그런 것들을 잘 조합하면 상상하던 시제품 같은 건 만들 수 있죠. 연구 개발과 제품화는 전혀 다르거든요. 연구 개발은 여기저기 짜깁기해서 볼품없어도 원리적인 부분만 문제가 없으면 괜찮아요. 그런 걸 잘 상품화하는 게 기업의 역할이죠.

"오래전에는 자주 전자상가를 다녔다."라는 고이케 씨. 요즘도 저렴한 잡화점에는 종종 가고, 장비 역시 망가져도 상관없도록 가능한 싼 걸 구입해 분해한 다음 필요한 부분만 써먹는다고 합니다. 실제로 손을 움직이고 그야말로 '짜깁기'하면서 시행착오를 거듭하는 가운데 발상은 점점 무르익습니다. 그래서 고이케 씨는 "현실 세계가 중요해요."라고 말합니다.

참고로 고이케 씨에 따르면 최근의 정보공학계 학생들은 소프트웨어는 잘 다루지만 직접 물건을 만들어본 적은 없는 경우가 많다고 합니다. 그러고 보면 아무리 입시에서 수학과 물리를 공부해도 그게 '만드는 능력'으로 이어지지는 않죠. 그래서 고이케 연구실에 들어간 학생은 우선 '납땜'부터 연습한다고 합니다.

한 가지 더, 고이케 씨는 손재주가 터무니없이 뛰어난 사람이기도 합니다. "쓸데없는 얘기를 해도 될까요?"라고 양해를 구하면서 들려준 이야기에 따르면 축제 날 노점 등에서 볼 수 있는 '뽑기'가 어린 시절부터 특기였다고 합니다. 분홍색의 널빤지 모양 과자에 틀로 찍은 동물 등의 그림을 압핀으로 눌러서 그림만 빼내는 놀이인데, 어렵기로 유명한 '우산' 같은 것도 깨끗하게 떼어서 경품을 받았다는 모양입니다. 장난감 만들기를 좋아하는 끈기 있는 소년에게 그 정도는 누워서 떡 먹기였겠죠.

볼 카메라

고이케 씨의 그러한 개조 정신이 잘 드러나는 작품이 '볼 카메라ball camera'입니다. '공ball'도 '카메라'도 모두 기성품이죠. 두 물건을 조합한 것인데, 럭비공이나 축구공 안에 소형 카메라가 설치되어 있습니다. 공의 표면에는 깔끔하게 잘라낸 하나 이상의 구멍이 뚫려 있고, 그 구멍으로 카메라 렌즈가 바깥을 내다봅니다. 이 카메라로 촬영한 영상은 말 그대로 '공이 바라본 광경'입니다.

가령, 장난감 볼링의 핀을 향해서 볼 카메라를 굴려볼까요. 그렇게 촬영한 영상을 보면 처음에는 멀리 작게 보이

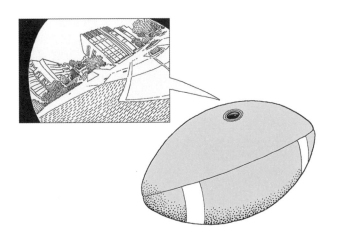

[**도판 10**] 볼 카메라. 공의 시점으로 세상을 본다.

던 핀이 점점 다가오면서 커지고, 부딪치고, 흔들리면서 무
작위하게 쓰러지는 모습이 기록되어 있습니다. 고이케 씨는
다음처럼 말합니다. "보통은 볼 수 없는, 「소림축구」 같은 영
상을 찍고 싶었어요."

　혹은 사람이 공을 주고받는 패스. 갑자기 하늘이 보이
는가 싶더니 상대편의 두 손바닥이 화면 가득히 들어옵니
다. 이걸 촬영한 건 개조판 볼 카메라인데, 투명한 플라스틱
공 안에 360도 카메라를 설치한 것입니다. 손바닥이 화면에
착 달라붙는 영상이 꽤나 초현실적이죠.

　그런데 이 볼 카메라는 겉보기만큼 구조가 단순하지
는 않습니다. 조금 생각해보면 알겠지만, 대부분의 경우 공

은 회전하고 있습니다. 심지어 회전수가 많을 때는 초당 약 5회. 당연히 볼 카메라로 촬영한 영상도 빙글빙글 회전하죠. 그걸 그대로 보면 뭐가 뭔지 전혀 알 수 없습니다. 끝없이 '멀미 나는' 영상이 찍혀 있을 뿐.

다시 말해 촬영한 영상 그 자체는 어디에도 써먹을 수 없는 것입니다. 그래서 촬영한 영상을 모종의 방법으로 가공할 필요가 있습니다. 구체적으로 말하면, 공에서 회전이라는 성분을 없애서 공이 회전하지 않고 날아간 듯한 영상으로 다시 만들어야 하죠. 그래야 비로소 우리 눈은 공이 볼링 핀에 다가가는 장면이나 손이 공을 잡는 모습을 '볼 수 있게' 됩니다.

회전 성분을 없애는 방법은 공의 종류마다 다릅니다. 회전축이 일정한 럭비공은 상대적으로 어두운 장면, 즉 카메라가 땅바닥을 향했을 때 찍힌 장면만 골라서 이어붙이면 카메라가 마치 '엎드린 채'로 날아가는 듯한 결과물이 나옵니다. 하늘을 비춘 장면을 버려서 의도적으로 '영상을 끊기게' 만드는 것이죠.

한편, 둥근 공의 경우에는 일단 동일한 대상(예컨대 볼링 핀)이 영상에 나타나는 방식의 시간 변화로부터 공의 회전량과 병진량並進量, 위치의 변화량을 계산합니다. 그리고 촬영된 영상에서 회전량을 차감함으로써 위치의 변화량만 담긴 영상을 만들 수 있습니다.

　　참고로 고이케 씨가 좋아하는 볼 카메라의 영상은 수구에서 슛하는 장면을 촬영한 영상이라고 합니다. 왜냐하면, 볼 카메라를 이용해서 공중과 수중을 동시에 촬영할 수 있었기 때문입니다. 특히 '무대 뒤'인 수중에서는 선수들이 서로 걷어차거나 유니폼 하의를 벗기려 하는 등 겉으로 드러나지 않는 노골적인 공방이 펼쳐진다고 합니다. 볼 카메라를 사용하면 그런 수면 아래의 싸움도 볼 수 있죠. 고이케 씨는 다음처럼 말했습니다. "이게 올림픽 중계에서 쓰이면, 수구를 보는 관점도 변하지 않을까요."

현장을 계측하다

볼 카메라에서 느껴지는 것은 '소용돌이를 그 한복판에서 관찰하고 싶다'는 고이케 씨의 강한 바람 같습니다.

　　왜 그렇게까지 '소용돌이 속에서 보기'를 바랄까요? 고이케 씨가 기능 습득 지원을 위해 개발한 구체적인 시스템을 살펴보기에 앞서, 개발자인 그가 중시하는 두 가지 핵심을 정리하겠습니다.

　　첫 번째 핵심은 공간적인 의미로서의 '소용돌이 속'입니다. 경기가 이뤄지는 장소에서, 즉 '현장'에서 선수의 기능을 계측하는 것. 당연한 말로 들릴지도 모르지만, 이것은 결코 쉬운 일이 아닙니다.

보통 운동선수의 신체 운동을 기록하려 할 때는 선수의 운동을 연구실에 가둬두게 마련입니다. 온몸의 움직임을 포착하는 모션 캡처motion capture도, 운동 중에 시선과 주의가 어디로 옮겨 가는지 파악하는 시선 추적eye tracking도, 선수에게 카메라에 잡히는 범위 내에서 움직여달라고 요청합니다.

야구의 투구처럼 공간적 이동이 적은 경우라면 그래도 어느 정도 계측할 수 있습니다. 하지만 산을 타고 내려오는 알파인 스키처럼 넓은 공간에서 이동하는 경기는 그저 속수무책이 될 수밖에 없습니다. 전신을 감싸는 보디슈트나 안경 모양 장비라면 착용한 채 경기에 나설 수도 있겠지만, 장비가 운동을 방해하거나 부상을 초래할 위험성이 있죠.

'가두기'의 폐해는 그저 움직이는 공간이 물리적으로 제한되는 것만이 아닙니다. 연구실 내에서 계측하면 운동의 질 역시 제한되고 맙니다.

앞서 거듭 확인했듯이 운동의 질을 구성하는 중요한 요소 중 하나는 구체적인 환경 속에서 본인의 실력을 발휘하는 '변동 속의 재현'입니다. 하지만 연구실 안에서 계측하는 것은 운동을 현실적인 환경에서 분리하는 셈이 되고 맙니다. 물론 미묘한 변화야 매번 있겠지만, 연구실에서 하는 것은 실상과 다른 '기계적인 재현'에 가까운 운동이 되어버립니다. 추상화된 기능을 연구한다 해도, 수준이 높아질수록 실전에는 도움이 되지 않을 것입니다. '소용돌이를 그 한복판에서 관찰한다'는 말은 현장과 동떨어진 연구실이 아니라 시합의 한복판에서 선수의 움직임을 본다는 뜻입니다. 얼핏 생각하면 어려울 것 같아도 볼 카메라 같은 장비를 사용하면 그 꿈을 이룰 수 있죠.

그때 공이라는 형상 이상으로 중요한 것이 바로 영상 처리 기술입니다. 계측한 데이터 그대로는 쓸모가 없어도 잘 가공하면 우리는 '현장'에서 볼 수 있습니다. 영상 처리는 물리적으로는 설 수 없는 자리에 의사적擬似的으로 설 수 있도록 해주는 기술입니다. 설령 위험한 시합의 소용돌이 속이라 해도 기술은 그곳에 서서 시합을 볼 수 있도록 해줍니다. 이어서 살펴보겠지만, 그 기술의 형상은 '공'에 그치지 않습니다.

오래전, 서재에 틀어박혀 연구하는 부류의 연구자를 비웃는 말로 '안락의자 학자'라는 것이 있었습니다. 영상 처리 기술은 안락의자 학자 같은 것을 떠올리게 하지만, 실은 그 기술이야말로 연구자를 현장으로 데려가줍니다.

여담이지만 고이케 씨는 환경의 변동이 큰 스포츠를 좋아한다고 합니다. 홋카이도 출신으로 어릴 적부터 육상,

야구, 축구, 스피드스케이팅 등 온갖 스포츠를 즐겼는데, 그 중에서도 가장 좋아한 것은 스키였다고요. "뭐랄까 그, 자연 지형을 미끄러지는 게 역시 좋다고 할까요. 육상은 아무래도 같은 곳을 빙글빙글 돌잖아요. 스키는 그러지 않고 항상 다른 라인을 선택해서 내려가는데, 같은 라인도 컨디션이 매번 달라요. 그런 점이 즐거운 거 같아요."

특히 좋아하는 선수는 미국의 보디 밀러Bode Miller. 그는 2010년 밴쿠버 동계올림픽에 미국 대표로 참가해 세 종목에서 금은동 세 개 메달을 획득한 스키 선수입니다. 고이케 씨에 따르면 그는 비정상적일 만큼 환경을 갖고 노는 선수였는데, "활주 중에 한쪽 판이 빠졌는데, 시속 120킬로미터 정도를 한 다리로 질주했다." "코스에서 벗어났을 때 눈 쌓인 경사면이 아니라 간판 위를 미끄러졌다." 등 전설적인 일화의 주인공이라 합니다.

실시간 코칭

두 번째 핵심은 시간적인 의미로서의 '소용돌이 속'입니다. 즉, 경기가 한창일 때 실시간으로 코치가 선수를 지도하는 것이죠.

기능 습득 지원에는 '계측'과 '코칭'이라는 두 단계가 있습니다. '계측'이란 그 선수가 어떤 식으로 움직이는지 객관적으로 파악하는 것. 이것이 바로 고이케 씨가 현장에서 하려고 하는 첫 번째 핵심이죠. 두 번째 단계인 '코칭'이란 선수가 움직임을 개선하기 위해 어떻게 해야 좋은지 조언하는 것입니다. 이 '코칭' 단계 역시 고이케 씨는 그야말로 '소용돌이 한복판'에서 하려고 합니다.

고이케 씨는 지금까지 운동선수에 대한 코칭은 언제나 '한발 늦게' 이뤄졌다고 말합니다.

카메라가 이만큼 발달했고 모두가 카메라를 들고 있는데도, (코치는) 기껏해야 비디오카메라로 촬영하고 나중에 "이때는 네가 잘못했지."라고 할 뿐이에요. 나중에 혼나는 게 제일 나쁘잖아요. 그때그때 바로 혼나야지. 그 자리에서 카메라로 많이 촬영하고 바로 이야기해주면 좋지 않을까 하는 생각을 꽤 많이 했어요.

생각해보면 어린아이를 돌볼 때도 나중에 주의를 준들 아이는 멍하니 있을 뿐인 경우가 자주 있습니다. 운동의 경우에는 당사자의 '나는 이렇게 움직이고 있어.'라는 인식과 객관적인 움직임 사이에 때때로 차이가 있기 때문에 더

더욱 '한발 늦은 지도'는 효과가 적습니다.

　　그래서 선수가 한창 운동하고 있는 그 소용돌이 속에서 '더 이렇게 하는 게 좋아.' '여긴 좋지 않아.' 같은 조언이 될 만한 정보를 제시해줄 수 있다면 학습 효과가 더욱 높아질 것이라고 고이케 씨는 생각합니다. "그래서 저희는 지금도 그 실시간성을 매우 중시하고 있어요."

　　그렇지만 실시간 피드백도 '중심을 더 낮춰.' '팔을 좀더 올려.' 등 말로 설명하면, 한발 늦는 건 마찬가지입니다. '중심을 더 낮춰.'라고 말하는 사이에 선수의 동작은 다음 단계로 넘어갔을 것이고, '팔을 좀더 올려.'라는 조언은 구체적으로 얼마나 올리라는 말인지 알 수 없죠.

　　예전에 전맹인 지인을 포함한 친구들과 타코야키 파티를 한 적이 있습니다. 게센누마에서 잡은 문어를 손질하고 데치는 것부터 시작해 가정용 타코야키 틀로 타코야키를 구웠죠. 몇 시간이 걸리는 긴 공정이었는데, 마지막 단계를 앞두고 전맹인 지인이 "나도 타코야키를 구워보고 싶다."라고 말을 꺼냈습니다.

　　타코야키를 굽는 작업에는 요령이 좀 필요합니다. 반구 모양으로 움푹 팬 틀에 반죽을 흘려 넣고, 반죽에 문어를 넣고, 반죽이 굳기 시작하면 대나무 꼬치로 반죽을 들어올려서 뒤집습니다. 뒤집다가 주위로 비어져 나온 반죽은 안쪽으로 다시 넣어주죠.

전맹 지인의 말에 한순간 '어?'라고 당황했지만, 그때 우리가 택한 방법은 그의 작업에 직접 손을 대지 않고 주위에서 목소리로 지원하는 것이었습니다. 그야말로 운동선수와 코치의 관계였죠. 지인도 웃으면서 "절대로 손대지 마."라고 못을 박았고, 주위에서는 어떻게 하면 잘 유도할 수 있을지 모색했습니다. 그렇게 대나무 꼬치를 든 지인을 원격으로 움직여서 타코야키를 굽는 게임이 시작되었죠.

일단 뒤집어야 하는 타코야키의 위치를 알려주는 게 큰일이었습니다. 처음에는 다들 "좀더 오른쪽." "안쪽으로 1센티." 등 말로 설명했지만, 전혀 통하지 않았죠. "오른쪽"이 무엇을 기준으로 오른쪽인지 알 수 없었고, "안쪽으로 1센티."라는 말이 끝났을 때는 이미 대나무 꼬치의 위치가 달라져 있었던 것입니다. 운동을 실시간으로 지도하는 게 얼마나 어려운지 체감했습니다.

그런데 재미있는 점은 지인을 돕는 방식이 점점 '말'에서 '목소리'로 변화했다는 것입니다. 부엌에 울리는 "아!" "우!" 같은 소리. 마치 다 같이 짠 듯이 목소리의 억양과 강약, 리듬으로 메시지를 전하기 시작했습니다.

확실히 그러면 "아아아."라면서 기다리다가 꼬치가 딱 좋은 위치에 도달했을 때 "앗!" 하며 정답이라고 알릴 수 있었습니다. "안쪽으로 1센티." 같은 언어적인 설명은 한발 늦지만 "아아…앗!"은 지인의 움직임에 따라갈 수 있었죠.

의미의 전달이라는 점에서는 언어적 전달이 더욱 뛰어나며 많은 의미를 전달할 수 있다고 여겨지곤 합니다. 하지만 실시간 코칭에 필요한 것은 '운동에 늦지 않게 따라가는' 성질입니다. 그렇다면 목소리만 내는 것이 외려 직접적으로 지시를 보낼 수 있습니다. 코칭에서 목소리가 하는 역할은 외부에서 견본을 제시하는 것이 아니라 당사자가 하는 운동과 탐색에 대해 '맞다' 혹은 '아니다' 하는 판단을 돌려주는 것입니다.

즉, 코칭을 실시간으로 하는 것은 그저 개입하는 시간적 타이밍을 바꾸는 것만이 아니라는 말입니다. 그 변화에는 코치의 입장에서 개입의 의미가, 선수의 입장에서 학습의 구조 자체가 바뀌는 것이 포함되어 있습니다. 타코야키 파티에서 '목소리'가 했던 역할을 새로운 기술이 할 때, 어떤 변화가 일어날까요? 고이케 씨의 연구를 따라가며 차례차례 생각해보고 싶습니다.

프레임 바깥에 있는 것을 포착하다

우선 '현장'에서 하는 '계측'에 관해. 볼 카메라로는 공에 관여하는 선수의 움직임만 알 수 있기 때문에 더욱 포괄적으로 선수의 움직임을 포착할 수 있는 카메라를 개발할 필요가 있었습니다.

그래서 고이케 씨가 고안한 것은 선수의 몸을 이용하는 것이었습니다. 개발한 것은 '모노아이'. 운동하는 사람의 가슴에 카메라를 달고, 그걸 이용해서 인간의 움직임을 촬영하자는 의도였죠.

이 방법은 카메라를 착용한 상태로 움직인다는 의미에서 고프로GoPro에서 판매하는 액션 카메라와도 비슷합니다. 하지만 목적이 근본적으로 다르다는 것을 주의해야 합니다. 고프로는 카메라 앞에 펼쳐진 광경을 영상에 담음으로써 카메라를 장착한 사람이 보는 시야를 유사 체험할 수 있게 해줍니다. 즉, '주관主觀 촬영'이죠.

그에 비해 고이케 씨의 모노아이는 카메라를 장착한 사람을 촬영하는 것이 목적입니다. 즉, '객관客觀 촬영'. 어떻게 보면 궁극의 '셀카'라고 할 수 있습니다.

놀라운 점은 모노아이가 '거리=0'에서 촬영한다는 것입니다. 보통 셀카를 찍으려면 카메라를 피사체인 내 몸으로부터 일정 거리 이상 떨어뜨려야 합니다. 그래야 카메라의 프레임 속에 내 모습을 담을 수 있죠.

그런데 모노아이는 그 거리가 0이라서 카메라를 몸에

[도판 11] 모노아이와 그것이 포착한 화상. 이것이 궁극의 '셀카'가 된다.

장착한 상태로 자신의 몸을 촬영하게 됩니다. 셀카봉 없이 셀카를 찍는 셈이죠. 그것은 곧, 카메라의 프레임에 전신이 들어가지 않는다는 것을 뜻합니다.

　고이케 씨는 모노아이의 기술적인 핵심을 다음처럼 설명했습니다.

　　중요한 게 무엇인가 하면, 손과 발이 완전히 찍히 지 않는다는 거예요. 찍히지 않지만, 프레임 바깥 에 있는 걸 포착할 수 있죠.

3장
실시간 코칭

프레임 바깥에 있는 걸 포착할 수 있다. 마치 마법 같죠. 렌즈에 비치지 않는 것, 시야 바깥에 있는 것을 볼 수 있는 눈. 대체 어떻게 하면 그런 일이 가능해질까요?

일단 가슴에 다는 카메라에는 어안렌즈를 씁니다. 시야각은 280도. 인간 눈의 표준적인 시야각이 200도니까 맨눈보다 꽤 뒤쪽까지 볼 수 있습니다. 동물 중에서는 고양이의 시야각이 250도, 양이 270도, 말이 350도이니, 거의 초식 동물 수준이죠.

어안렌즈로 촬영한 날것 그대로의 영상은 도판 11 같은 느낌입니다. 수정 구슬에 비친 세계처럼 일그러져 있지만, 발, 손, 어깨, 턱 같은 신체 부위가 담겨 있죠. 확실히 맨눈으로 보았을 때보다는 많은 부위를 '보는 것'이 가능하지만, 이대로는 그 사람의 전신이 어떤 자세인지 알기 어렵습니다.

그렇다면 어떻게 할까. 여기서도 영상 처리 기술이 활약합니다. 모노아이의 경우에는 거기에 AI를 활용해서 ① 그 사람의 자세 ② 머리 방향 ③ 카메라의 방향을 추정하죠.

대중적으로 AI라 하면 인간과 비슷한 지능을 갖춘 존재(범용형 AI)를 떠올릴 때가 많지만, 이공계 연구에서 쓰이는 AI는 특정한 처리를 단시간에 해낼 수 있는 네트워크(특화형 AI)입니다. 전자가 '유사 인간'이라면, 후자는 그저

——자신을 속이는 영상 처리

'도구'죠. 인문사회계 연구자와 이공계 연구자가 AI에 관해 이야기할 때 때때로 논의가 맞물리지 않는 듯이 보이는 건 서로 다른 AI를 떠올리기 때문입니다.

모노아이에서 쓰이는 건 주어진 영상 데이터에서 패턴을 인식해 판단을 내리는 AI입니다. 우선, 미리 대량의 영상을 보여주고 '턱이 이렇게 찍혀 있을 때 머리는 이 방향' 같은 패턴을 학습시킨 AI를 준비합니다. 그리고 촬영한 영상을 AI가 읽어 들이게 하면 그 영상에 찍힌 턱의 모습으로부터 '머리 방향은 이럴 것'이라고 계산해냅니다.

그다음에 계산으로 얻은 ①~③의 데이터를 조합하면 실제 현장에서 이루어지는 선수의 객관적인 움직임과 선수의 시야를 그대로 구현해낼 수 있습니다.

① 자세 정보만으로는 그 사람이 가령 아기처럼 앉아서 몸을 앞으로 구부리고 있는지, 서 있는 채 몸을 앞으로 구부리고 있는지 판단할 수 없습니다. 하지만 여기에 ③의 정보를 더하면 공간에 대한 몸의 방향이 정해지기에 정확한 자세를 판단할 수 있죠. 마치 누군가 다른 사람이 찍어준 듯한 '그 사람의 객관적인 모습'이 만들어집니다.

그와 더불어 모노아이가 포착한 영상에 ② 머리 방향 정보와 ③ 카메라의 방향 정보를 가미하고 조정하면 '그 사람이 보고 있는 시야'를 합성할 수 있습니다. 고프로를 착용하고 촬영한 영상과 비슷하다고 할 수 있죠. 건물의 형상과 나뭇잎의 그림자까지 꽤 세세하게 재현됩니다.

합성은 촬영이다

이와 같은 영상 합성 과정을 따라가다 보면, '진짜 영상'과 '만든 영상'의 구별이 매우 모호해집니다.

일반적으로 '진짜 영상'이라 하면, 카메라로 촬영하고 그대로 손대지 않은 영상을 가리킵니다. 그리고 고이케 씨는 카메라가 촬영한 영상을 가공함으로써 프레임에 들어오지 않은 것을 포착하는 데 성공했습니다.

그런데 곰곰이 생각해보면 애초에 카메라라는 기계를 사용하는 그 시점에 그 영상은 가공된 것이라고 할 수 있습니다. 카메라라는 인공물이 포착한 상은 세계 그 자체라 할수 없고, 최신 카메라에는 애초에 온갖 보정 기능이 탑재되어 있기도 하니까요. 촬영하면 기본적으로 가공되는 경우가 많은 것입니다. 그런 점을 고려하면 고이케 씨가 하는 일은 우리에게 친숙한 카메라가 평소에 하는 것과 본질적으로 그리 다르지 않을지 모릅니다.

고이케 씨가 하는 영상 합성의 공정은 말로 설명하면 복잡하게 들리지만, 사실 그 작업은 '한순간'(실제로는 몇 분)이라고 합니다. 비유해서 말하면 '찰칵' 하는 셔터음이 살짝 길게 나는 동안 카메라의 프레임 바깥에 있는 것, 실은 '보이지' 않는 것까지 포착해내는 것이죠. 그런 카메라를 고이케 씨는 개발하고 있습니다. 가공 작업을 하는 고이케 연구실을 하나의 커다란 카메라, 혹은 필름을 현상하는 사진관이라고 생각하면, 영상 처리 과정 또한 '촬영'이라고 말할 수 있습니다.

참고로 고이케 씨가 '촬영'한 영상은 다른 의미로도 '만들어진 것'입니다. 좀 세세한 이야기인데, 고이케 씨는 해석에 활용하는 AI를 학습시킬 때도 인공적으로 합성한 컴퓨터 그래픽 영상을 이용하기 때문입니다.

AI를 만들려면 수많은 영상을 보여주며 학습시킬 필요가 있습니다. 학습에 쓰는 화상의 좋고 나쁨이 최종적으로 AI가 내리는 판단의 정밀도를 좌우하기 때문에 학습용 영상의 선택은 중요한 문제죠. 어안렌즈로 촬영한 영상을 해석하는 데 활용할 AI를 만들려면 당연히 어안렌즈로 촬영한 영상을 잔뜩 준비해서 각각의 영상에 대해 '자세', '머리 방향', '카메라 방향'이 어떤지 가르쳐주어야 합니다.

그런데 고이케 씨가 AI 학습에 사용한 영상의 양은 최종적으로 약 68만 편이었습니다. 그걸 전부 실제 물리 공간에서 촬영하려면 막대한 시간과 수고가 들죠. 어안렌즈가 달린 카메라를 100대 준비해서 100명이 1분짜리 영상을 촬영한다고 해도 114시간을 촬영해야 합니다. 게다가 학습에 사용하는 영상은 반드시 다양해야 하기에 촬영하는 사람의 체형과 피부색 등도 무작위로 해야 하고, 촬영 환경 역시 전혀 다른 분위기의 실내와 도시의 빌딩숲, 사막, 설산 등 다양해야 하며, 그와 더불어 촬영한 시간대와 광원도 다채롭도록 신경 써야 합니다. 실제로 그렇게 하려면 시간과 수고와 비용이 모두 막대해지고 말겠죠.

그래서 고이케 씨는 컴퓨터 그래픽으로 만든 공간에 가상 인간을 세우고 그에게 카메라를 달아서 '촬영'하게 했습니다. 컴퓨터 그래픽으로 만들었기에 인물과 공간의 특징을 무작위로 바꾸기도 손쉽죠. 키도 피부색도 제각각 다른 사람들이 깔끔한 아파트부터 험준한 산속까지 온갖 장소에서 온갖 동작을 취하는 모습을 촬영한 영상 68만 편이 불과 몇 초 만에 만들어집니다.

다시 말해, 기계학습의 세계에서 가상 공간이란 필요한 소재를 효율적으로 만들어낼 수 있는 편리한 '공장' 같은 곳입니다. 가상 공간에 대한 일반적인 인상과는 좀 다를 듯합니다. 흔히 가상 공간이라 하면 놀이나 소통을 목적으로 '사용자가 가보는 장소'라고 이해하곤 하니까요. 하지만 그것만이 가상 공간의 활용법은 아닙니다. 현실 세계에서 하면 막대한 시간과 수고가 드는 작업을 얼마 안 되는 시간을 들여 간단하게 할 수 있는 장소이기도 하죠.

소재 영상을 완성한 후에는 AI에 학습시키기만 하면 됩니다. 모노아이의 경우에는 가상 공간에서 준비한 68만 개의 영상에 더해 실제로 현실 공간에서 촬영한 영상 1만 6000편도 학습했습니다. 고이케 씨에 따르면 모노아이 프로젝트에서 가장 긴 시간이 걸린 게 이 학습이었다고 합니다. 그래도 시간을 따지면 "열 시간 정도"였다고 하지만요.

촬영/합성, 보이다/보이지 않다, 현실/가상. 그런 경계선을 거침없이 뛰어넘는 모노아이. 가슴에 장착하는 현재의 모노아이도 촬영자가 손발을 자유롭게 움직일 수 있지만, 카메라를 넥타이핀이나 펜던트에 심을 수 있는 정도로 더욱 작게 만들면 운동에 거의 영향을 미치지 않는 촬영이 가능할 것이라고 고이케 씨는 말합니다. 그리고 그게 그리 먼 미래의 일은 아닐 것이라고. "이미 엄지손가락만 한 어안 렌즈 카메라가 판매되고 있어요." 고이케 씨는 그렇게 말하면서 바로 상품명을 가르쳐주었습니다.

손등은 수다쟁이

가슴에 다는 모노아이는 전신의 자세를 '촬영'할 수 있는 카메라지만, 아무래도 손가락처럼 작은 신체 부위의 움직임까지는 포착하지 못합니다. 그러기 위해서는 다른 장소에 카메라가 더 있어야 있지요.

고이케 씨가 손을 촬영하는 카메라를 설치한 곳은 손목의 바깥쪽. 거기에 손의 움직임을 방해하지 않도록 소형 카메라를 달았습니다. 구체적으로는 시판되는 손목시계를 개조해서 시간을 맞추는 나사 부분을 카메라로 바꾸었습니다. 여담이지만 이미 카메라가 달린 스마트워치도 발매되었다고 하죠.

그 위치에서 촬영하면 확실히 손이 보이기는 하는데, 손가락까지 전부 제대로 찍히지는 않습니다. 손등을 바로 코앞에서 촬영하다 보니 약간 징그러운 연체동물이 움직이는 듯한 영상이 찍힐 뿐이죠. 그다음에는 뭘 해야 하는지 이제는 독자들도 알 것입니다. 프레임 바깥에 있는 것을 포착해야죠. 네, 손등만 찍힌 영상을 AI로 읽어 들여서 손의 자세를 추정하는 것입니다.

그러면 이번에도 손등만 찍힌 영상에서 손 전체의 움직임을 꽤 정확히 포착할 수 있게 됩니다. 펜싱 선수의 손목에 이 카메라를 달면 '핑거 플레이'라 불리는 섬세한 손가락의 움직임을 알 수 있을 것이고, 피아니스트의 손목에 달아도 연주를 크게 방해하지는 않을 것입니다. 혹은 '검지를 앞

——자신을 속이는 영상 처리

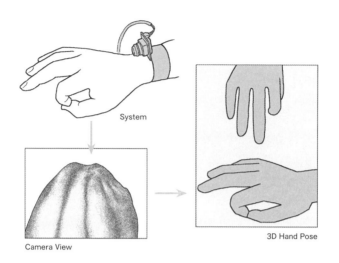

System

Camera View

3D Hand Pose

[**도판 12**] 손등을 보면 손가락을 알 수 있다.

으로 내밀면 음량 키우기' 같은 설정을 해서 손동작만으로 텔레비전을 조작하는 마법 같은 리모컨으로도 활용할 수 있을지 모르죠.

역시 AI, 대단하네요. 인문사회계 연구자인 저는 절로 감탄하고 싶었습니다. 하지만 고이케 씨의 반응은 훨씬 냉정했죠.

인간도 손등의 살결을 잘 보면 손가락의 상태를 알 수 있어요. 인간이 해내는 건 AI도 할 수 있어요.

인간도 할 수 있다. 프레임 바깥에 있는 것을 포착하는 마법 같은 기술에 관한 이야기를 듣고 있었기 때문에 저는 당황하고 말았습니다. 그런데 '인간이 해내는 건 AI도 할 수 있다'니…?

그런데 잘 생각해보면 확실히 그런 것 같습니다. 손등은 많은 걸 말합니다. 손등 전체에 뻗어 나가는 다섯 중수골中手骨의 움직임, 손가락 뿌리에 생기는 돌출부의 모양, 그리고 좌우로 당겨지는 피부와 혈관의 움직임. 이런 '손등의 모양'을 보면 손가락 그 자체를 보지 않아도 손의 자세가 지금 어떤지 인간도 추정할 수 있습니다. '주먹'일 때는 피부가 좌우로 당겨지고, '가위'일 때는 검지와 중지의 뿌리 쪽 돌출부가 평평해지고, '보'일 때는 피부가 이완되어 돌출부에 주름이 두드러지죠. 손등 자체가 손가락의 현재 모습을 비추는 모니터 같은 것이라는 생각까지 듭니다.

머릿속에 떠오르는 것은 예전에 눈도 보이지 않고 귀도 들리지 않는, 즉 시청각중복장애인과 대화했던 경험입니다. 시청각중복장애인의 소통 방식은 몇 가지가 있는데, 그분은 '촉수어'라는 방법을 사용했습니다. 눈이 보이는 농인은 말하는 이의 수어를 시각적으로 보고 이해하지만, 촉수어는 듣는 이가 말하는 이의 손을 직접 만지면서 그 형태를 파악하여 의미를 이해합니다. 제가 대화했을 때는 통역해주는 분이 제 말을 수어로 옮겨주었죠.

제가 놀랐던 점은 시청각중복장애가 있는 분이 통역의 손을 살짝 건드릴 뿐이라는 것이었습니다. 생각해보면 수어는 손을 움직여서 말하는데, 우리가 손을 맞잡듯이 상대의 손을 꽉 잡으면 손을 움직일 수 없게 됩니다. 그러면 대화를 할 수가 없죠. 그 때문에 수어로 말하는 이의 손을 꽉 잡지 않아야 하는데, 그렇다 해도 그날 그분은 너무나 부드럽게 통역의 손을 건드렸습니다. 통역의 손등 위에 자신의 손바닥을 슬며시 갖다 대고 '만지기'보다는 '손의 움직임을 따라가는' 느낌이었죠.

심지어 통역하는 분의 수어는 거침없고 매우 빨라서 저 같은 초보자는 마침표가 어디서 찍히는지도 전혀 알 수 없었습니다. 마치 '손이 중얼거리는' 느낌이었죠. 그런 걸 손등에 손바닥을 살짝 올렸을 뿐인데 전부 이해했습니다. 더욱 놀라웠던 것은, 그분의 이야기에 따르면 손목을 건드리기만 해도 손 전체의 움직임을 이해하는 사람이 있다는 것이었습니다. 바깥을 걸으면서 촉수어를 하고 싶은데 서로 마주 보고 손을 잡을 수는 없기 때문이라고요.

그러고 보면 귀가 들리는 청인 또한 상대방의 말을 전부 듣지 않아도 문맥 등으로부터 전체 발화를 추측하며 대화를 이어갈 수 있습니다. 아마 이와 비슷한 일이 촉수어로 하는 소통에서도 일어나는 듯합니다. 그분에게는 당연한 일이겠지만, '일부를 만지고 전체를 읽는 능력'에 압도된 경험이었습니다.

이런 사례를 따라가다 보니 확실히 AI뿐 아니라 인간도 애초에 프레임에 들어오지 않는 것을 꽤 많이 포착하면서 행동하거나 소통한다는 것을 깨달을 수 있습니다. 카메라는 시각, 시청각중복장애인은 촉각, 음성 소통은 청각. 사용하는 감각 정보는 다르지만 인식을 만들어가는 과정에서 지각知覺의 프레임 바깥에 있는 것을 추측한다는 점은 같습니다.

다르게 말하면, 우리가 '프레임'이라고 부르는 물리적 경계는 인간에게도 카메라에도 완전히 절대적이지는 않다고 할 수 있습니다. 인간도, 모노아이도, 추측으로 프레임이라는 한계를 확장하며 세계를 인식합니다. 인간이 숨 쉬듯 하는 일이 실은 얼마나 복잡한 기술인지 깨닫게 됩니다.

고이케 씨의 "인간이 해내는 것은 AI도 할 수 있어요."라는 말. 사실 취재하는 동안 고이케 씨는 이 말을 마치 주문처럼 여러 번 반복했습니다. 이야기를 들으며 제가 알게 된 것은 그 말이 'AI는 인간과 비슷하게 만들어진다.'라는 걸 암시하는 듯해도 연구 과정에서 하는 체감에는 그 반대의 발견도 포함되는 듯하다는 것입니다. 즉, 인간이 하는 일은 의

외로 AI와 비슷하지 않을까? AI 개발을 하면서 보이는 것은 인간의 AI성 아닐까?

그런데 거기까지 생각하다가 무언가 납득할 수 없는 느낌도 들었습니다. 아니, 말은 그래도 AI는 영상을 그저 패턴으로 보고 있지 않나? 인간이 '뼈'라고 보는 것도 AI는 특정한 패턴에 들어맞는 점의 집합으로만 간주할 뿐이다. 인간에게는 의미가 있다. 하지만 AI에는 의미가 없다. 그런 둘을 '비슷하다'고 하는 건 이상하지 않나?

그래서 저의 의문을 고이케 씨에게 직접 던져보았습니다. 하지만 돌아온 답은 같았습니다. "그래도 인간 역시 일일이 해부학을 생각하면서 보지는 않죠."

으음, 확실히 인간이 '손등을 보니 가위구나.'라고 생각할 때, 그 판단은 한순간에 이뤄집니다. '이 피부 아래 있는 뼈가 이쪽 뼈와 연결되어서 저걸 당기니까 가위야.' 하는 식으로 추론하지는 않죠. 한순간에 이뤄지는 판단의 밑바탕에 있는 것은 지금까지 쌓아온 경험이지 해부학 지식이 아닙니다. 오히려 인간이야말로 뼈와 피부의 배치를 '모양'으로 보고 있습니다.

물론 누군가 물어본다면 저것이 '뼈'와 '피부'이며, '뼈'와 '피부'가 어떤 것인지 대략 설명할 수는 있겠죠. 하지만 운동하면서 시시각각 변하는 대상을 판단할 때, 우리가 인체해부도를 일일이 참조하면서 해부학적으로 사고하지는 않습니다. 운동 중에 이뤄지는 판단은 훨씬 비언어적이고 직감에 기초해 이뤄지니까요.

고이케 씨의 이야기를 듣고 있으면 우리가 '인간이란 이런 존재다.'라는 정의에 너무 얽매이는지도 모른다는 것을 깨닫게 됩니다. 물론 인간이 인간다움을 생각하는 것은 중요합니다. 그것이 이 세상에서 잘 살아가는 것, 좋은 세상을 만드는 것으로 이어지죠. 하지만 한창 운동 중인 인간을 포착하려 할 때, 눈에 보이는 것은 오히려 인간의 비인간적 양상인 듯합니다. 한창 움직이는 인간의 인식은 '분석', '이해', '해석' 같은 논리적 행위와 다른 차원에서 이뤄지는 모양입니다.

도약 전에 착지점을 알 수 있다

지금까지 살펴본 작품은 공간적인 의미에서 프레임 바깥에 있는 것을 포착하는 사례였습니다.

고이케 씨는 그 포착을 시간적으로도 확장하고 있습니다. 시간적인 프레임 바깥에 있는 것, 구체적으로 말하면 미래의 영상까지 현재의 영상으로부터 만들어내는 것입니다.

이를테면 도약해서 옆으로 옮겨가는 동작. 시간에 따

른 자세의 변화를 학습한 AI를 활용하면 그 인물의 현재 자세에 관한 정보로부터 0.5초 후에 어떤 자세를 취할지 추측할 수 있습니다. 즉, 도약하려고 허리를 낮춘 그 시점에 벌써 어디에 착지할지 알 수 있는 것입니다.

혹은 주먹을 내지르는 동작. 이 역시 AI를 이용하면 어느 손이 어느 방향으로 주먹을 뻗을지 미리 예측할 수 있습니다. 재미있는 점은 속임 동작도 간파한다는 것입니다. 주먹을 내지를 생각이 없이 내지르는 '척'을 해도 AI 예측은 제대로 '뻗지 않는다'고 판단을 내립니다. 고이케 씨가 말하길 "AI를 속이기란 무척 어려운 일"이라고 합니다.

탁구를 예로 들면, 선수가 서브 동작을 시작하는 시점에 공이 어디에 도달할지 예측할 수 있습니다. 선수가 자세를 잡고 탁구공을 위로 던지는 동작을 했을 때, 즉 아직 라켓이 공을 때리지도 않았는데 벌써 그 공이 탁구대의 어디로 떨어질지 거의 정확하게 알 수 있는 것입니다. 낮고 빠른 서브로 오른쪽 끝을 노릴지, 높이 튀는 서브로 구석을 공략할지, 가운데를 찌를지….

당사자인 선수의 의식에서는 공을 위로 던지면서 '자, 지금이 승부처야.'라고 기합을 잔뜩 넣고 있겠죠. 하지만 그 시점에 이미 서브가 어디로 날아가서 성공할지 실패할지 정해져 있는 것입니다. 초보자든, 중급자든, 상급자든, 예측의

난이도는 비슷하다고 고이케 씨는 말합니다.

1초도 안 되는 짧은 시간이라 해도 실제로 행위를 하기 전에 결과를 알 수 있다는 것은 운명이 정해져 있다는 말 같아서 좀 허무해지기도 합니다. 하지만 이러한 미래 예측 역시 AI만의 특권은 아닐 것입니다. AI만큼 정밀하지 않아도 인간 또한 매일매일 서로 몸의 미래를 예측하며 생활하고 있으니까요.

애초에 인간이 무언가 동작을 할 때는 몸에 전조가 나타나는 법입니다. 나를 향해 물건을 던지려는 사람이 어느 정도 세기로 던질지는 자세를 보면 대략 알 수 있습니다. 여러 사람이 대화를 나눌 때는 말하고 싶어하는 듯한 사람에게 자연스레 발언권을 넘겨주듯이 대화가 이어지죠. 우리는 서로의 몸에 드러난 신호를 포착하면서 관계를 조정하거나 서로를 돌봅니다. 그런 걸 고려하면 '수싸움'이야말로 신체적 사회성의 토대에 있다고 할 수 있습니다.

사람 대 사람이 겨루는 스포츠에서는 수싸움이 내 의도를 숨기거나 상대를 속이는 데 이용됩니다. 가령 투수가 느릿한 투구 동작을 했는데 빠른 공이 날아들면 실제로 시속 120킬로미터라고 해도 타자의 주관에서는 시속 140킬로미터로 느껴지기도 하죠. 또 다른 예로 유도에서는 어떤 기술을 어떻게 성공시켜 승리하겠다고 구상한 시나리오를

—— 자신을 속이는 영상 처리

상대방이 눈치채지 못하게 하는 것이 중요합니다. 야구 시합에서는 몸의 움직임과 더불어 그때까지 공 배합의 흐름과 점수 차, 주자 같은 요소들도 있기 때문에 수싸움이 한층 더 복잡해지죠.

즉, 사람과 사람이 겨루는 스포츠에서는 원래 미래 예측이 중요한 요소이며, AI는 인간이 하는 예측을 최고 수준의 선수만큼 정밀하게 가시화해준다고 할 수 있습니다. 다르게 말하면 평소에는 결코 경험할 수 없는, 한창 시합 중인 선수의 역동적인 감각을 AI가 추체험하게 해준다고도 볼 수 있죠.

그렇기 때문에 AI가 어떤 요소에 주목하며 패턴을 판단하는지 분석하면 최고 수준의 선수가 무엇을 보고 예측하는지—상대방의 허리 높이인지, 손목의 각도인시, 손의 모양인지— 알 수도 있다고 고이케 씨는 말합니다. "당사자는 자각하지 못해도 머릿속에는 손의 세세한 움직임에 근거해 예측하는 네트워크가 있을 거예요."

휴버트 드레이퍼스가 다섯 단계로 나눠서 분석했듯이, 선수는 자신이 실전에서 순식간에 내리는 판단을 '직감', '감', '분위기' 등으로 설명할지도 모릅니다. 하지만 그 판단에는 지금까지 선수가 쌓아온 방대한 경험을 통해 형성한 달인만이 지닐 수 있는 의식화되지 않은 노하우가 있을 것이라고 고이케 씨는 말합니다. 프레임에 담긴 것 너머에 있는, 프레임 바깥에 있는 것을 포착하는 능력. AI라는 블랙박스가 인간 신체의 블랙박스에 빛을 비춥니다.

시간의 흐름을 바꾸다

자, 지금까지 '현장의 계측'을 실현하기 위한 기술을 이야기했습니다. 지금부터는 운동선수의 기능 습득 지원과 관련한 또 다른 면, 즉 '실시간 코칭'에 주목하려 합니다.

일단, 고이케 씨는 앞서 설명한 미래 예측 기술을 활용해서 초심자를 위한 탁구 연습 시스템을 개발했습니다.

이름하여 '스핀퐁'. 상대의 공을 쳐내는 것에 더해 여러 종류의 회전에 맞춘 대응도 연습할 수 있기 때문에 '스핀 spin'퐁이라는 이름이 붙었습니다. 탁구는 이른바 '전력 질주를 하면서 포커를 하는 경기'라고 할 만큼 수싸움이 중요한 스포츠입니다. 그 수싸움에서도 특히 큰 비중을 차지하는 것이 '코스'와 '회전'이죠. 스핀퐁은 그 두 요소에 관한 기본 동작을 연습할 수 있는 시스템입니다.

어떻게 사용할까요. 연습자는 가상 현실을 체험할 수 있는 HMD를 착용합니다. 그 상태에서 연습 상대인 상급자가 공을 치는 동작을 하면, 연습자는 가상 공간에서 자신을

——자신을 속이는 영상 처리

향해 날아오는 공을 봅니다. 실제로는 동작을 취할 뿐 공을 치지는 않는데, 미래 예측 기술을 활용해서 동작만으로도 공의 궤도를 예측하는 것이죠.

가상 공간이기에 연습자를 향해 날아가는 공이 표시되는 방식도 바꿀 수 있습니다. 방식은 총 네 가지죠.

첫 번째는 단순하게 하얀 공이 날아오는 것(①). 두 번째는 공의 회전 방향이 화살표로 표시되는 것(②). 세 번째는 공이 거대해지고 회전을 알기 쉽도록 표면에 얼룩무늬가 있는 것(③).

네 번째 방식에 가장 정보량이 많은데, 공이 날아오는 궤도가 초록색으로 표시되는 데다 그 서브를 받아넘길 때 라켓을 어떻게 대야 하는지도 가르쳐줍니다(④).

아무 생각 없이 탁구공을 받아치면, 공에 걸려 있던 회전의 영향 때문에 공이 전혀 생각지 못한 방향으로 날아가곤 합니다. 저 회전에 대해 어느 각도로 라켓을 대면 내가 의도한 대로 공이 날아갈까. 그걸 가상 공간에서 가르쳐주는 셈입니다.

또한 가상 공간이기에 시각적 표시와 더불어 시간의 흐름도 바꿀 수 있습니다. 다시 말해, 프롤로그에서 소개한 '켄다마 해냈다! VR'과 마찬가지로 고이케 씨의 스핀퐁도 공의 움직임을 슬로모션으로 만들 수 있다는 말입니다.

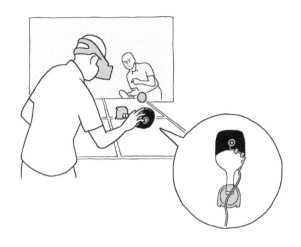

[도판 13] 스핀퐁. 공이 느리게 날아온다.
회전하는 공을 받아쳤을 때의 라켓 진동도 재현한다.

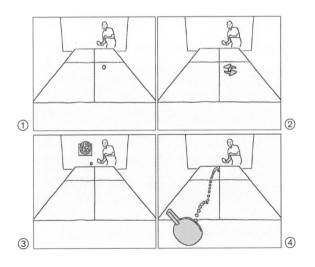

[도판 14] 스핀퐁에서 탁구공을 표시하는 방식들.

슬로모션으로 하면 실제보다 공이 천천히 날아옵니다. 그 과정에서 공의 회전 방향과 궤도, 적절한 라켓의 방향 같은 정보들을 가시적으로 제시하면, 탁구 초보자도 회전하는 공을 받아칠 수 있죠. 수준 높은 선수는 한순간에 판단을 내리고 대응하지만 스핀퐁에서는 '아, 이쪽으로 회전하는구나. 그럼 라켓은 이렇게 해야 하나.'라고 찬찬히 생각하면서 할 수 있습니다. HMD에 표시되는 정보도 처음에는 정보량이 많은 ④로 하다가 ②, ③, ①로 바꾸면 점차 어렵게 연습할 수 있습니다.

슬로모션의 흥미로운 점은 현실에서 이뤄지는 리시브라는 운동의 흐름을 따라간다는 점에서 실시간이지만, 그와 동시에 실시간보다 느리기에 허구적이기도 하다는 것입니다. 그 느림은 코칭이 개입할 여지를 만들어냅니다. 절반은 현실적이고, 절반은 허구적인 시간. 이 이중성이 '운동의 한복판에서 운동을 수정하는 것'을 가능하게 합니다.

슬로모션 자체는 현실 공간에서 연습할 때도 종종 활용됩니다. "스윙은 이렇게."라며 코치가 천천히 시범을 보이고 그대로 연습을 시키는 경우죠. 하지만 이런 코칭도 엄밀히 말해 실시간은 아닙니다. 현실 공간에서 슬로모션으로 공을 날리면 움직임이 바뀌어버리고, 실전과는 멀어집니다. 운동의 한복판에서 하는 코칭은 공의 움직임을 느리게 할 수 있는 가상 공간 속에서만 가능합니다.

슬로모션 환경에서 연습을 되풀이한 다음 현실 공간의 속도로 돌아오면, 전에는 못 했던 것을 확실히 할 수 있게 됩니다. 고이케 씨가 보여준 동영상에는 처음에 공을 전혀 쳐내지 못했던 사람이 가상 공간에서 몇 분 연습한 뒤에 성공적으로 공을 받아치는 모습이 담겨 있었습니다.

물론 시간의 속도를 반대로 바꿀 수도 있습니다. 즉, 빠르게도 할 수 있죠. 시간이 빠르게 흐르면 공도 실제보다 빠르게 날아갑니다. 당연하지만 상급자를 위한 연습법입니다. 고속으로 연습하면 현실 세계로 돌아왔을 때 공이 천천히 움직이는 것처럼 보이거나 자신의 몸이 가벼워진 것처럼 느끼는 효과를 기대할 수 있죠. 마라톤 선수들이 일부러 공기가 희박한 고지대에서 연습하듯이, 언젠가 수많은 종목에서 '고속 훈련'이 이뤄질지도 모릅니다.

또한 스핀퐁은 시각적인 표시와 시간 흐름의 변경에 더해 촉각적인 면에도 세심하게 신경 썼습니다. 체험자가 사용하는 라켓 뒷면에 진동 센서를 부착해서 가상의 공이 라켓에 닿은 순간 라켓이 진동하게 만든 것입니다.

진동하는 방식은 세 가지. 실제로 서로 다른 세 종류의 회전하는 공을 라켓에 대었을 때 어떻게 진동하는지 계측하고, 그 진동을 그때그때 가상의 공에 맞춰서 재현하는 것입니다. "세로로 회전할 때는 이렇게 부들부들, 가로로 회전할 때는 이렇게 덜덜덜, 하는 것을 알 수 있게 했습니다."

탁구에서 촉각은 중요한 정보원입니다. 상대가 공에 건 회전은 소리를 듣고 분간할 때가 많지만, 자기가 회전을 걸 때는 라켓에서 느껴지는 공의 진동으로 판단하죠. 진동을 느끼고 내 의도대로 회전이 걸리지 않았다면, 그다음에는 받아치는 방법을 바꾸는 등 조정을 합니다. 촉각 정보는 내가 때린 공을 비롯해 전반적인 경기 내용의 질을 높이기 위해 반드시 필요합니다.

자신을 속이다

어떤 의미로 이런 건 전부 자신을 속이는 거죠.

고이케 씨의 말입니다. 초보자를 위한 슬로모션도, 상급자를 위한 빠른 속도도, 전부 현실과 다른 상황을 몸이 경험하게 해서 현실을 느끼는 방식을 새롭게 쓰는 것입니다. 그 외에도 자기 몸의 움직임을 무겁게 보여주거나 사용하는 도구의 중심 위치를 바꾸는 등 속이는 방식은 이것저것 생각해볼 수 있다고 합니다.

머리는 '이건 현실이 아냐. 속고 있는 거야.'라고 아는데 몸은 홀딱 속아 넘어갑니다. 지금 속는 줄 모르는 채 속는 딥페이크 등과 달리 스핀퐁 등은 속는 것을 아는데도 속고 맙니다. 비유하면 속임수를 아는데도 놀라는 마술 같은 것이죠.

설령 만들어진 환경이라 해도, 그 환경이 몸에서 이끌어내는 능력은 진짜입니다. '할 수 있게 되는 것'을 목표하는 과정에서 '속임수'를 이용하는 것은 '환경 속에서 운동을 만들어낸다'는 몸의 특성을 활용하는 것입니다.

사람의 몸은 자신이 한 행위의 결과를 보면서 행위 그 자체를 조정해갑니다. 그런 몸에게 환경이란, 행위의 초기 조건인 동시에 결과를 자신에게 돌려주는 존재지요. 이 각도로 라켓을 대면 공이 저쪽으로 날아가는구나. 이 타이밍에 라켓을 휘두르면 공이 맞지 않는구나. 슬로모션으로 연습했을 때 학습이 잘 진행되는 것은 행위와 결과의 관계를 쉽게 확인할 수 있기 때문입니다. 또한 빠른 속도로 연습을 하면 경험한 적 없는 환경에서 하는 행위와 결과의 관계를 시험해볼 수 있죠.

제 전문 분야인 장애의 세계에서도 '속임수' 덕분에 '좋은 결과'가 나오는 사례를 수없이 목격했습니다.

예를 들어 프롤로그에서 언급한 VR을 이용한 헛팔다리 통증 완화. 그 시스템에서도 가상 공간에서 '팔이 명령대로 잘 움직이고 있다'는 결과를 시각적으로 보여줌으로써 뇌를 '속였고', 그 결과 통증이 완화되었습니다.

또 다른 예로는 음성 합성 기술을 활용한 말더듬증 완화. 말을 더듬는 당사자의 음성을 컴퓨터로 읽어 들이고 실시간으로 가공하여 당사자에게 들려줌으로써 말더듬증의 발생을 막으려는 연구가 이뤄지고 있습니다.[21] 음성을 가공하는 방식은 자신의 목소리가 화음처럼 들리거나 메아리처럼 울리게 들리는 등 여러 가지가 있죠.

저도 직접 경험해본 적이 있는데, 마치 제가 동굴 속에 있는 것 같거나 애니메이션 캐릭터가 된 것처럼 순식간에 이미지가 완전히 바뀌어서 깜짝 놀랐습니다. 가공된 것은 목소리뿐인데 마치 다른 공간에서 다른 존재가 되어 이야기하는 듯했죠.

우리는 소리 내어 말할 때 뼈 전도와 공기 전도라는 두 가지 방식으로 자신의 목소리를 전달받는데, 음성 합성 기술은 공기 전도에 개입하여 당사자의 머릿속에 있는 자기 이미지를 덧쓰는 '속임수'를 씁니다. 예전부터 연기를 하면 말을 더듬지 않는다는 속설이 있었는데, 이 기술은 공기 전도에 개입하여 사용자를 자연스레 연기하는 상태로 만드는 효과가 있다고 생각합니다.

가전제품이나 자전거 같은 것이라면 '좋은 결과'를 얻

기 위해 부품별로 해체하여 원인을 밝히고 개선하는 방법이 효과적이겠지요. 하지만 살아 있는 신체에 관한 문제는 몸 자체에 직접 개입하는 것이 가장 빠르고 좋은 방법이라 단정할 수 없을 때가 있습니다. 그럴 때 등장하는 것이 '속임수'지요.

'속임수'는 몸을 의식의 제어하에 두지 않고, 환경 속에서 이뤄지는 자기생성에 전부 맡깁니다. 그래서 '속임수'라는 접근 방식이 흥미로운데, 첨단 기술을 써먹으면서도 몸에 개입하는 방식이 '기계론적이지 않기' 때문입니다. 다시 말해, 몸을 그 자체로 자율적인 기구가 아니라 환경에 속한 생물로 다루는 것입니다. 몸에 직접 개입하는 것이 공업적 발상이라면, 환경에 개입함으로써 몸에 간접적으로 관여하는 '속임수'라는 발상은 농업적인 면이 있습니다. 농업에는 토양을 조정하여 작물을 좋은 상태로 이끄는 측면이 있으니까요.

물론 기술이 만들어내는 환경에는 땅이라는 유기물도 지속적인 물질대사도 없습니다. 몸이 경험하는 것은 어디까지나 정보기술로 만들어진 실체 없는 공간이죠. 그럼에도 그것이 '또 다른 토양'이 되어 인간 신체를 성장시킵니다. 그와 동시에 기술과 관계를 맺은 덕분에 비로소 몰랐던 몸의 가능성이 드러난다고도 할 수 있습니다.

가상 그림자

환경에 개입하여 몸을 성장시킨다. 이와 관련해 이번 장에서 마지막으로 주목하고 싶은 것은 '그림자'를 다루는 고이케 씨의 작품입니다.

그림자는 환경과 몸 사이에 자리한 존재입니다. 내 움직임에 따라서 움직인다는 점을 고려하면 그림자는 몸의 연장선 위에 있지만, 그림자의 위치 자체는 환경 쪽에 있죠. 또한 앞서 소개한 말더듬증 당사자의 목소리처럼 그림자 역시 가공하여 보여줄 수 있습니다.

고이케 씨는 그림자의 중간적 성질을 활용해서 초보자용 골프 연습 시스템을 개발했습니다.

핵심은 골프 스윙을 할 때 선수가 반드시 공이 놓인 지면을 내려다본다는 것입니다. 즉, 지면을 스크린 삼아 영상을 보여주면 항상 프로 선수의 시야를 경험할 수 있습니다. 그림자를 이용하는 것은 그런 의미로도 안성맞춤이죠.

태양이 등 뒤에 있으면, 선수의 발아래에서 공 위로 겹치듯이 그림자가 드리워집니다. 고이케 씨는 실내에 전용 연습장을 만들고 그와 똑같은 상황을 재현했습니다. 다만, 사용자의 머리 위에는 태양 대신 프로젝터가 설치되었고, 발아래에는 진짜 그림자 대신 고이케 씨가 '가상 그림자'라 부르는 인공적인 그림자를 투영했습니다.

[**도판 15**] 가상 그림자. 그림자는 나 자신의 분신이다.

　가상 그림자는 진짜 그림자와 마찬가지로 사용자의 움직임에 맞춰서 움직입니다. 단, 그림자가 까맣지 않고 다채롭죠. 지금까지 살펴본 예측 기술을 활용하면 그때그때 사용자의 자세에 맞춰 그림자를 보여주기란 그리 어렵지 않습니다. 골프채를 쥐고 자세를 잡으면, 바닥에 드리워진 가상 그림자도 자세를 취합니다. 그대로 골프채를 뒤로 들어올려 백스윙을 하면, 가상 그림자도 똑같이 골프채 그림자로 백스윙을 하죠. 골프채를 휘두르는 당사자는 그것을 '자신의 그림자'라고 여기지만, 사실 프로젝터가 보여주는 합성 영상일 뿐입니다.

　고이케 씨의 시스템은 여기에 더 가공을 합니다. 컬러

풀한 가상 그림자와 겹치듯이 '모범'이 되는 가상 그림자를 하얀 선으로 표시하는 것입니다. '모범'이란 미리 기록해둔 프로 선수의 스윙 정보로, 매순간 사용자의 자세와 대응하는 것을 불러내어 보여줍니다. 사용자가 스윙을 하면, 자신의 가상 그림자와 모범으로 삼을 하얀 선이라는 두 가지 '그림자'가 함께 움직이는 것이죠.

그림자들을 서로 포개듯이 투영하기에 초보자는 두 그림자의 차이를 보면서 자신이 어디를 조정하면 모범적인 자세에 가까워지는지 시각적으로 확인할 수 있습니다. 골프채를 너무 짧게 쥐는지, 몸이 너무 빨리 열리는지, 골프채 끝의 높이가 너무 낮은지….

더욱 진화한 연습 시스템도 있습니다. 자신의 움직임에 따라서 프로 선수의 영상이 움직이는 것이죠. 앞서 살펴본 시스템에서는 매순간 모범적인 자세가 하얀 선으로만 보이지만, 진화한 시스템에서는 실제 카메라로 찍은 듯한 영상이 실시간으로 만들어집니다. 즉, 진화한 시스템을 사용하면 예컨대 마쓰야마 히데키松山 英樹●가 내 움직임에 동기화하여 움직이는 일도 가능해지죠. "골프 관계자(상급자)들에게도 체험해보게 했는데, 실은 이게 가장 평이 좋았어요. '동기 부여가 된다'고요."

● 일본의 프로골프 선수. 세계 랭킹 2위까지 오르며 미국에 진출한 일본 선수 중 역대 최고로 손꼽힌다.

3장
실시간 코칭

프로 선수의 실제 영상이 나타나는 시스템에서 사용자가 보는 것은 더 이상 '그림자'가 아닙니다. 오히려 거울이나 수면에 비친 '거울상'과 유사하죠. 흥미로운 점은 자신의 움직임과 연동하여 움직인다는 사실 때문에 사용자들이 다른 사람의 영상임에도 불구하고 '자신의 분신'처럼 느낀다는 것입니다. 실제 골프채를 휘두르는 것은 나인데, '완전히 프로 선수가 되어서' 경기하는 느낌이 든다고 하죠. "동기 부여가 된다."라는 감상은 심리적인 것이지만, 그 감상에는 하얀 선으로 모범이 제시될 때와는 다르게 '속아 넘어가는' 감각도 포함되어 있습니다.

정보 기술은 현실의 물리 공간에는 없는 반응을 몸과 환경 사이에 만들어낼 수 있습니다. 그 결과 '내가 아닌 나' 혹은 '나 같은 타인'이 태어나죠. 한편, 학습이란 본래 내가 아닌 나를 획득하는 것, 그리고 나 자신의 그릇을 새롭게 빚는 것입니다. 의식의 지배에서 벗어난 곳으로 몸을 데려가 불안정한 위험과 풍요로운 가능성으로 가득한 배움의 공간을 정보 기술이 개척하고 있습니다. 이런 점에 관해서는 5장에서 좀더 다루겠습니다.

'모범'은 '틀'이 아니라 '과녁'

고이케 씨의 시스템에는 청각적인 반응 또한 마련되어 있습니다. 골프채의 궤도가 지면과 올바른 각도를 이루고 있는지 소리로 가르쳐주는 것입니다. 이 소리는 최신 기술이 하느냐, 사람이 하느냐, 하는 차이점이 있을 뿐 원리는 앞서 언급한 타코야키 파티의 "앗!"과 같습니다. 외부에서 모범을 따르길 강요하는 것이 아니라 현재의 운동에 대해 '옳다' 혹은 '그르다'라는 반응을 주죠.

고이케 씨가 지적했듯이 기존의 코칭에는 시간차가 있습니다. 코치의 모범적인 움직임을 미리 확인하고, 그 뒤에 학습자가 모범적인 움직임을 따라 하죠. 혹은 학습자가 동작을 마친 다음에 '거기가 틀렸다.'라고 지적을 받습니다. 운동과 모범 사이에 시간적인 엇갈림이 있으면 지적받은 것의 의미를 학습자가 이해하기 어렵고, 그에 더해 갈수록 그 모범이 절대적인 것이 되는 경향이 있습니다. 그렇게 되면 학습자는 부동의 모범이라는 틀에 자신의 몸을 끼워맞추게 됩니다.

그에 비해 고이케 씨의 실시간 코칭에서는 모범이 학습자의 움직임에 따라옵니다. 그 시스템에서 모범은 따라야 하는 규칙인 동시에 내가 하는 행위의 결과이기도 하죠. 여기서 모범이란 학습자의 움직임을 의식해서 움직이는, '도

망치는 과녁' 같은 것입니다. 이것은 '운동을 따라가면서' 이뤄지는 실시간 코칭만의 특징입니다.

그러니 '가상 그림자를 모범이라는 과녁에 명중'시킬 셈으로 연습을 거듭하는 것도 좋습니다. 고이케 씨의 시스템은 자세의 형태를 가르쳐주는 점에서 인터널 포커스 같지만, 실제로 경험할 때의 느낌은 오히려 익스터널 포커스 같습니다.

고이케 씨가 제시하는 모범은 내 움직임을 억압적으로 제한하는 '틀'이라기보다 움직임을 이끌어내고 유도하는 '과녁'입니다. 고이케 씨의 연구에는 실시간을 추구하기 때문에 생겨나는 모방적이지 않은 학습의 가능성이 있습니다. 실시간 코칭은 그저 조언을 즉시 하는 것에 그치지 않고, 학습의 양상 자체를 변화시킵니다.

그로 인해 학습이 억압적인 것에서 자발적인 것으로 변한다면, 현장의 인간관계와 사회제도 또한 변화할 가능성이 있습니다. 얼핏 동떨어진 것 같았던 영상 처리 기술과 살아 있는 몸. 이것들이 연결되는 순간, 교육의 양상을 다시 정의하는 듯한 새로운 학습 양식이 태어납니다.

4
장

의식을 덮어쓰는 BMI

── 가짜 꼬리의 뇌과학

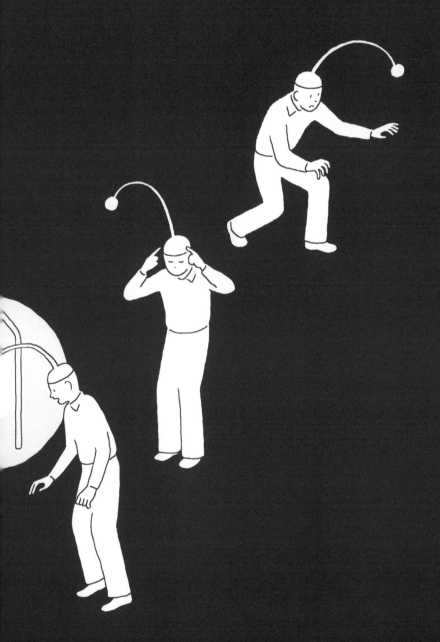

우시바 준이치
牛場 潤一

1978년생. 게이오기주쿠대학교 이공학부 생명정보학과 교수. 공학 박사. 전문 분야는 재활신경과학. 게이오기주쿠대학교 이공학부 물리정보공학과를 졸업했고, 같은 학교 대학원에서 석사, 박사 과정을 수료했다. 게이오기주쿠대학교 이공학부 생명정보학과 조교, 같은 이공학부 부교수 등을 거쳤다. 2018년 연구 성과 활용 기업 커넥트Connect 주식회사(현 주식회사 라이프스케이프LIFESCAPES)를 창업하여 대표이사를 맡았다. 뇌-기계 인터페이스의 1인자로 알려져 있다. 지은 책으로 『바이오사이버네틱스』(공저), 감수한 책으로 『신경과학의 최전선과 리허빌리테이션』 등이 있다. 대중 대상 강연을 기획하는 등 과학과 대학교와 사회를 연결하는 활동에 관심이 많다.

공학과 의학 사이

'할 수 없음'에서 '할 수 있음'을 향한 도약은 의식의 허를 찌르듯이 이뤄집니다. 그렇다면 그때 뇌에서는 어떤 변화가 일어날까요?

이번 장에서는 '할 수 있게 된다'는 도약의 배후에 있는 몸의 메커니즘을 뇌과학의 관점에서 밝히겠습니다. 그와 동시에 지금까지 살펴본 음악과 스포츠 같은 사례에서 벗어나 재활 현장에서 이뤄지는 응용도 소개합니다.

우시바 준이치 씨는 대학교의 이공학부에 소속되어 뇌졸중 환자의 재활에 관해 연구하고 있습니다. 비유적으로 표현하면 그는 '공구를 든 의사 선생님'입니다. 공학을 활용하여 의학의 문제에 접근하기 때문이죠.

우시바 씨에게 의학과 공학을 연결해주는 것은 BMI Brain-Machine Interface, 뇌-기계 인터페이스입니다. BMI란 뇌파 등의 정보를 통해 뇌와 기계가 한 몸이 되어 움직이도록 만든 메커니즘을 가리킵니다. 난치병으로 몸을 움직이지 못하는 환자가 머리에 특수한 기계를 달아서 뇌파로 기구를 조작하는 것은 BMI의 대표적인 사례죠. 일반적으로 BMI라고 하면 그처럼 '생각으로 움직인다.'라는 인상이 강할지도 모르겠습니다.

그렇지만 실제로 '생각하다'와 '움직이다'의 이면에는

우리 몸을 움직이는 뇌의 복잡하고 심오한 메커니즘이 있습니다. 우시바 씨가 대단한 점은 그저 뇌와 연결된 기계를 만드는 것에 그치지 않고, 뇌의 메커니즘 자체를 해명하는 기초 연구도 병행하고 있다는 것입니다. 우시바 씨의 연구를 가리켜 '공학을 의학적으로 응용한다.'에서 나아가 '공학과 의학에 모두 걸쳐 있다.'라고 말할 수 있는 것도 그 때문이죠.

뇌에 처음 관심을 가졌을 때부터 우시바 씨에게 뇌란 AI와 나란히 함께 존재하는 것이었습니다. 그렇기 때문에 '경험을 통해 기능이 변한다'는 뇌의 가소성可塑性에 자연스레 관심이 향했죠. 거기에 중학생이 되어 접한 학자들의 이야기가 불을 붙였습니다. 세로 줄무늬밖에 없는 환경에서 나고 자라 가로 줄무늬를 인식할 수 없게 된 새끼 고양이의 이야기. 뇌의 절반이 손상되었지만 다른 절반의 뇌가 기능이 바뀌어 잃어버린 능력을 보완하게 된 소녀의 이야기. 소년 시절의 우시바 씨는 '뇌의 유연함'에 더욱 깊은 흥미를 품게 되었습니다.

역시 대단하다고 감탄한 점은 우시바 씨가 학교 공부까지도 뇌의 능력 획득이라고 여기며 그런 관점에서 독자적인 실험을 했다는 것입니다. '쟤하고 똑같이 공부를 하는데 왜 쟤가 더 잘하지?' 어린 우시바 씨에게 '공부를 잘하는 친구'는 '뇌에 학습을 잘 시키는 친구'였습니다. 대부분 사람들이 타고난 머리의 차이를 탓하든지 노력의 양이 달라서라고 할 텐데, '뇌의 학습 효율'이라는 관점에서 자기만의 공부를 시작한 것이죠.

> 음악을 듣다가 '와!' 하고 감동하면 그 장면이 평생 머릿속에 뚜렷이 남잖아요. 공부도 그렇게 되면 좋을 텐데 싶었어요. 그래서 수업을 들을 때 아무리 재미가 없어도 억지로 감동하려 했어요. '와, 대단해!'라고 수업을 들으면서 마구 감격했죠, 하하하. 카메라아이camera-eye●가 뛰어난 사람처럼 배운 걸 머릿속에 바로 사진으로 남기려 했어요.

●
피사체를 카메라로 촬영했을 때의 결과물을 상상하고 판단할 수 있는 능력.

설령 연기라 해도 감동하면서 수업을 듣는 학생이 있다니, 선생님 입장에서는 틀림없이 수업하기가 수월했겠습니다. 연구자가 된 현재의 우시바 씨는 "스스로 도파민을 분비해서 머릿속에 집어넣었다."라고 합니다. 물론 이 방법이 정말로 효과가 있을지는 확인해봐야 알 수 있는데, 어린 우시바 씨는 자신을 실험 대상 삼아서 학습의 이면에 있는 뇌의 원리를 탐구하려 했습니다. "역시 뇌에는 메커니즘이 있고, 조건이 잘 갖춰지면 가소성이랄지 학습이 잘 진행되는구나 싶었죠." 그 외에도 학습에는 상황이 중요할 것이라는 가설에 근거해 학교를 오갈 때 가상의 친구를 옆에 두고 영어로 말을 걸기도 했답니다.

겉으로 드러나는 결과의 질을 높이기 위해서는 그 이면에 있는 원리를 이해해야 합니다. '무조건 노력한다.' 혹은 '선생님의 가르침을 따른다.'라고 끈기만 강조하는 옛날 방식과 사뭇 다른 우시바 씨의 태도는 초등학생 시절에 프로그래밍을 하면서 기른 것이었습니다. "초등학생 때 프로그래밍을 했는데, 표면적인 결과와 그 이면의 원리를 이해하고, 이 순서로 하면 어떨까, 하는 대응 관계를 따라가는 게 재미있었어요." "원리 같은 걸 제대로 이해하지 않고 표면적인 현상만 보면 크게 오독할 가능성이 있다는 게 계산론적 관점인데, 뇌의 관점에서 운동의 학습을 파악해보자는 게 제 연구의 동기라고 생각해요."

그렇지만 운동이든 음악이든 실제로 기능을 습득하는 현장에서는 아직도 온갖 오독이, 즉, 끈기만 강조하는 옛날 방식이 만연하다고 우시바 씨는 말합니다. "이토록 과학이 발전했는데도, 여전히 그런 방식이 우리 문화와 문명의 기초에 있다는 게 현재 상황이죠." "계산론적인 관점을 바탕으로 눈에 보이게 만들어주면 조금이나마 '무작정 한다'느니

'믿고 했는데 몸이 망가졌다'느니 하는 일들이 줄어들지 않을까, 좀더 즐겁게 훈련할 수 있을지 않을까. 그런 걸 생각하고 있어요."

의식하지 않는 뇌의 메커니즘

운동의 학습을 그 이면에 있는 뇌의 메커니즘으로 파악하는 것. 이를테면, 2장에서 언급한 구와타 선수의 투구처럼 '몸이 멋대로 문제를 해결'하는 듯이 보이는 상태의 이면에도 뇌의 메커니즘이 작용한다고 우시바 씨는 말합니다. '몸이 의식을 앞질러 나가는' 듯이 보일 때, 뇌는 어떤 일을 하고 있을까요?

이 메커니즘의 존재를 보여주기 위해 우시바 씨는 어떤 실험을 했습니다. 눈앞에 있는 목표를 집게손가락으로 가리켜라. 이 간단한 과제를 피험자에게 내주고 거기에 살짝 '장난'을 더했죠.

일단 피험자에게는 HMD를 쓰도록 합니다. HMD를 쓰면 그 전과 거의 같은 광경이 시야에 들어옵니다. 손을 뻗으면 자신의 손이 보이고, 목표도 아까와 같은 자리에 있는 것처럼 보이죠. HMD에 달린 카메라로 촬영한 영상을 실시간으로 보여주기 때문입니다.

자, 실험 시작입니다. 우시바 씨가 더한 '장난'이란, 본래보다 좌측으로 1도 틀어진 세계를 피험자에게 보여주는 것입니다. 피험자의 입장에서 보면 똑바로 정면을 향해 손을 뻗으려 했는데, 결과적으로 눈에는 왼쪽으로 1도 틀어진 자리에서 손이 나오는 듯이 보이는 것입니다. 이 상태로 피험자에게 목표를 가리키라고 지시합니다.

중요한 것은 1도 정도의 오차는 피험자가 의식하지 않는다는 점입니다. 오차라 해도 1도에 불과하니 별생각 없이 손가락을 뻗어도 올바르게 목표를 가리킬 수 있습니다. 하지만 우시바 씨에 따르면 그러는 와중에도 뇌는 의도한 움직임과 눈에 보이는 손의 위치가 살짝 어긋난다는 사실을 알고 있다고 합니다. 그리고 당사자가 깨닫지 못하는 사이에 뇌가 운동을 수정한다고 하죠.

그런 사실은 이 실험을 반복했을 때 알 수 있습니다. 한 번에 1도씩 오차를 더하는데, 가령 40회 반복했다고 해보죠. 당연히 처음과 마지막을 비교하면 시야가 40도 틀어진 것이 됩니다. 실제로는 내 몸과 비교해 오른쪽으로 40도 옆에 있는 사물이 HMD를 쓴 시야에서는 내 정면에 있는 것으로 보인다는 말이죠.

이 정도 각도를 단번에 틀면, 보통은 강한 부조화를 느끼고 변화를 눈치챌 것입니다. 하지만 아주 조금씩 40회에

[도판 16] 아주 살짝 왼쪽으로 틀어진 시야.

걸쳐서 각도를 틀면 사람은 그 오차를 의식하지 못합니다. 그래서 어느새 현실 공간과 40도 틀어진 위치에 있는 가상 공간의 목표를 보면서 현실 공간의 목표를 향해 손가락을 뻗는, 옆에서 보면 매우 기묘한 움직임을 아무렇지 않게 하고 맙니다.

우시바 씨에 따르면 "뇌에는 무의식중에 포착한 오차를 자동적으로 처리하고 다음 운동을 계획해서 좀더 올바른 운동을 출력하는, 자동 업데이트를 하는 기능 같은 것이 있다"고 합니다. 즉, 정면을 향해 똑바로 손을 뻗을 셈이었지만 손이 살짝 왼쪽으로 틀어졌다는 오차를 뇌가 깨닫고, '생각보다 좀더 오른쪽으로 손을 뻗어야 목표를 정확히 가리킬 수 있다'고 판단하여 운동 프로그램을 수정하는 것입니다. 수정하면 다음 차례에는 대체로 올바른 위치를 가리킬 수 있는데, 실험에서는 그랬는데도 시야에서는 또 살짝 왼쪽으로 손의 위치가 치우칩니다. 그러면 뇌가 다시 조금만 오른쪽으로 손을 뻗도록 프로그램을 수정하는데… 실험에서는 이 수정이 40회 반복되었고, 결과적으로 보고 있는 방향과 40도나 틀어진 위치에 손을 뻗기에 이르렀습니다.

가령 라켓을 아래쪽으로 휘두르는 자세를 익히려고 할 때, 보통은 자신의 움직임을 거울이나 영상으로 확인하고 올바른 자세와 차이를 확인한 다음 움직임을 수정하는 방식으로 학습합니다. 이 방식은 '의식되는 오차가 있는 학습'입니다. 그에 비해 우시바 씨의 실험이 보여주는 것은 '의식되지 않는 오차가 있는 학습'입니다. 의식이 오차를 인식하지 않음에도 불구하고, 몸의 움직임이 오차를 고려하여 수정되었으니까요. 그야말로 '몸이 멋대로 문제를 해결'하는 상태입니다. (지금 언급한 것들과 다르게 정답으로 가는 길을 모르는 채 하는 '오차 없는 학습'도 있습니다. 이에 대해서는 나중에 다루겠습니다.)

의식되지 않는 오차가 있는 학습이 우리에게 알려주는 것은, 환경과 관계를 맺으며 의식을 통하지 않고 몸의 움직임을 조정하는 메커니즘이 뇌에 있다는 사실입니다. 우시바 씨는 다음처럼 말합니다. "뇌는 무의식중에도 외부 환경의 정보를 습득하는데, 그 환경 속에서 생각한 대로 몸을 움직일 수 있도록 머릿속 프로그램을 갱신하고 유지 보수를 합니다. 그런 구조가 당사자의 의식 밖에서 쉼 없이 움직이고 있죠."

의식 덮어쓰기

당사자의 의식 밖에서 영향을 미치는 뇌의 조정 메커니즘. 우시바 씨는 이 메커니즘 덕분에 가능한 '몸이 멋대로 문제를 해결'하는 학습이 뇌졸중 등의 환자들이 재활할 때도 효과가 있지 않을까 생각하고 있습니다. 접근 방식은 다르지만, 우시바 씨 역시 지금까지 소개한 다른 연구자들과 같은 현상에 관심을 기울이는 것입니다.

가상 현실이나 로봇 장비 등을 이용해서 아주 작은 오차를 계속 조금씩 주다 보면, 당사자는 의식하지 않아도 뇌가 그 오차를 검출하고 수정, 검출하고 수정, 하는 과정을 반복해요. 그러면 점점 운동의 양상이 변화하죠. 그렇게 당사자가 의식하지 않아도 운동 방식이 슬그머니 변해요. 이

——가짜 꼬리의 뇌과학

제는 가상 현실이나 로봇 등을 아주 고화질에 정밀하게 제어할 수 있기 때문에 의식할 수 없는 수준의 미세한 오차를 주고 또 주는, '아하! 경험'aha experience● 같은 걸 사용자에게 스며들 듯이 마음대로 프로그래밍할 수 있는 시대가 되었어요. 우리가 의도를 갖고 설계하면, 훈련받는 사람이 의식하지 않아도 우리가 의도한 방향으로 학습을 유도할 수 있죠. 이런 발상에 기초하면 의식을 덮어써서 무의식에 있는 것을 현실로 끄집어낼 수 있다고 생각해요.

● 예전에는 이해하지 못했던 문제나 상황을 불현듯 '아하!'라며 깨닫는 경험을 가리킨다.

"의식을 덮어쓰다."라니 무척 강력한 울림이 있는 말입니다. 이 말만 놓고 보면 마치 사람을 세뇌하는 것 같지만, 당연히 그런 건 아닙니다. 가령 '움직이지 않게 된 손을 움직이고 싶다.'라고 바라는 환자가 있다고 하죠. 그런데 아무리 의식하고 노력해도 손은 움직이지 않는 것입니다. 그럴 때 외부에서 개입함으로써 의식적인 노력과는 다른 운동 학습의 가능성을 끌어낼 수 있습니다. 다시 말해 '의식 덮어쓰기'란, '의식 조작'이 아니라 '의식적으로는 다가갈 수 없는 가능성을 현실로 끌어내는 것'입니다.

4장
의식을 덮어쓰는 BMI

자세히는 곧 다루겠지만, 우시바 씨는 이미 지금까지 한 연구 성과를 활용하여 '의식 덮어쓰기'의 실용화를 진행하고 있습니다. 대학교에서 일하는 동시에 2018년에 회사를 설립했고, 대표이사로서 공학을 이용해 뇌에 개입하여 잠재된 가능성을 끌어내는 방법을 보급하는 데 힘쓰고 있죠.

그 회사의 홈페이지에 게시된 칼럼에서도 우시바 씨는 강조했습니다. 기술은 어디까지나 "환자의 뇌가 기능을 회복하는 과정을 돕는 것"이며, "인간의 기능을 안이하게 기계로 대체해서는 안 된다."라고요. 우시바 씨가 목표하는 것은 기계로 의식을 점령하는 듯한 개입이 아닙니다. 그의 목표는 당사자가 하려고 해도 못 하는 일, 정확히 말해서 하려고 하면 못 하는 일을 할 수 있게 될 때까지 돕는 것입니다.

환경에 의존하는 학습

다만, 우시바 씨는 자신의 목표를 이루기 위해 풀어야 하는 숙제가 있다고 말합니다. 바로 '일반화'의 문제입니다.

앞서 소개한 손가락 가리키기 실험으로 뇌에는 미세한 오차를 깨닫고 운동 프로그램을 수정하는 메커니즘이 있다는 사실이 밝혀졌죠. 이걸 다른 관점으로 보면 그때그때 환경에 몸을 맞추듯이 뇌가 의식이 미치지 않을 만큼 세밀하게 조정을 계속한다는 뜻이기도 합니다. 고이케 씨의 탁구 훈련 시스템으로 보았듯이 의식이 아니라 환경이 능력을 끌어내는 상태인 것이죠.

지금 한 이야기를 뒤집으면, '학습은 환경 의존적'이라고 할 수도 있습니다. 그 때문에 어느 환경에서 학습한 것을 다른 환경에서도 똑같이 재현할 수 있느냐면 반드시 그렇다고 단언할 수는 없습니다. '그것을 체득한 환경에서 벗어나도 할 수 있다.' 이런 의미의 일반화가 이루어지지 않는다면, 진정한 의미로 '할 수 있게 되었다'고는 말할 수 없죠.

우시바 씨는 1970년대에 발표된 유명한 심리학 연구에 관해 가르쳐주었습니다. 던컨 고든Duncan Godden과 앨런 배들리Alan Baddeley의 연구[22]로 실험 내용은 대학교 다이빙부 학생 18명을 대상으로 암기 시험을 치르는 것이었습니다. 핵심은 암기 시험을 수심 6미터의 바닷속과 땅 위에서 하는 것이었죠. 바닷속에서 외운 단어 목록을 그대로 바닷속에서 시험한 경우와 땅 위로 올라와서 시험한 경우, 그와 반대로 땅 위에서 외운 단어 목록을 그대로 땅 위에서 시험한 경우와 바닷속에 잠수해서 시험한 경우의 점수를 비교했습니다.

결과는 놀라웠습니다. 바닷속에서 외운 단어는 바닷속에서 시험했을 때가, 땅 위에서 외운 단어는 땅 위에서 시험했을 때 점수가 좋았던 것입니다. 즉, 환경이 달라지면 외운 단어를 잘 떠올리지 못하게 되었죠.

왠지 장난 같은 결과지만, 우시바 씨는 다음과 같은 이야기를 했습니다. 중고등학생 시절, 단어장에 영어 단어를 쓰고 외웠는데 시험을 보다 잘 생각나지 않는 때가 있었다고 합니다. '그 단어장으로는 가능'했는데, '다른 환경'에서는 되지 않았다고, 시험을 볼 때도 생각해낼 수 있으려면 '단어장만으로 공부하지 않는 것'이 중요하다고 했죠. 듣고 보니 확실히 짚이는 데가 있습니다.

우시바 씨는 처한 환경에 따라서 뇌의 분위기 같은 것이 변한다고 말합니다.

직접 학습하고 있는 것과 상관없이 수압이나 눈앞의 광경이나 자신이 처한 환경 등 그때그때 상황에 따라서 분위기라 할지 뇌의 초기 설정으로 되어 있는 상태 같은 것이 영향을 받아요. 그래서 그런 뇌의 상태로 산수든 운동이든 학습을 하면, 기본 조건이 되는 상태에서는 거기서 습득한 것을 끄집어낼 수 있지만, 육지로 올라와서 상태가 달라지면, 학습의 토대가 된 조건이 달라진 것이기 때문에 머릿속에 입력한 것을 다시 읽어내려

[**도판 17**] 육지로 올라오면, 왠지 생각나지 않는다.

고 해도 잘 안 될 수 있어요.

지금까지 운동 능력에는 항상 같은 동작을 하는 '기계적 재현'보다 시시각각 변하는 환경에 대응해 운동 양상을 즉흥적으로 바꾸는 '변동 속의 재현'이 중요하다고 여러 차례 확인했습니다. 이 말을 한 마디로 하면 '실행의 환경적합성'입니다. 한편으로 이번 장에서 문제가 되는 것은 '학습의 환경의존성'입니다. 능력을 습득하는 단계에서도 학습하려는 내용과 아무런 관계가 없는 온갖 환경 요인이 학습에 관여합니다. 그 때문에 환경과 학습 내용을 분리할 수 없는 것이죠.

이 문제는 재활 과정에서도 큰 난관으로 작용합니다. 이를테면 HMD를 쓰고 가상 공간에서 연습하여 성공한 것을 HMD가 없는 현실 공간에서는 할 수 없게 됩니다. 혹은 실험용 전신 기구를 착용하면 가능했던 일을 기구를 벗은 상황에서는 할 수 없게 되기도 하죠. "인간의 능력을 기계로 확장하는 것보다 기계를 벗은 뒤에 어떻게 될지가 중요"하다고 우시바 씨는 말합니다.

일반화란, 무언가를 몸에 두른 환경에 의존하지 않고도 능력을 발휘할 수 있는 것을 가리킵니다. 그러고 보면 후루야 씨의 피아니스트용 외골격과 고이케 씨의 탁구 훈련용 가상 훈련 시스템에서는 기구를 벗은 뒤에도 능력 향상이 유지되었습니다. 우시바 씨 역시 BMI를 활용한 재활에 성공했죠. 하지만 효과가 없는 경우도 있고, 어떨 때 일반화가 성공하고 어떨 때 실패하는지에 관한 일반이론은 아직까지 추측 수준에 불과하다고 합니다. "조금씩 단서가 나오는 것 같긴 한데, 아직 갈 길이 멀죠."

그 때문에 장비를 착용했을 때의 환경과 벗었을 때의 환경이 되도록 차이가 적어야 한다고 우시바 씨는 말합니다. 장비를 요란하지 않고 가능한 단순하게 만드는 것도 한 가지 방법인데, 그와 동시에 우시바 씨가 힘 쏟고 있는 것은 변화를 의식하지 않게 하는 것입니다. 장비 있는 환경과 장비 없는 환경의 차이가 환자의 의식에 포착되지 않으면 '아, 아까랑 달라.' 하는 걸 신경 쓰지 않고 일반화가 더 잘 이뤄지지 않을까. 앞서 소개한 손가락 가리키기 실험은 바로 일반화의 문제를 염두에 두고 이뤄진 것이었습니다.

치료 과정에서는 장비를 장착했을 때와 벗은 후의 환경 차이를 의식하지 않도록, 가능한 차이가 두드러지지 않게 그러데이션처럼 만들어서 일반화가 되게끔 설계하는 것이 무척 중요해요. 그걸 개념으로는 잘 아는데 아직 전부 극복하지 못했기 때문에 지금 하고 있는 것 같아요.

보상 시스템의 원리: 강화학습

당사자가 의식적으로 노력해도 해낼 수 없는 일을 외부에서 BMI를 활용한 개입으로 해내도록 유도하려면, 뇌가 지닌 보상과 처벌의 원리를 잘 이용해야 합니다. '유도'란 뇌에 '그렇게 하면 돼.'라고 칭찬해서 학습 방향을 강화하거나 '그건 아냐.'라고 처벌하며 수정을 촉구함으로써 뇌의 활동이 목표를 향해 나아가도록 이끄는 것을 말합니다.

중요한 것은 보상과 처벌에 관한 뇌의 메커니즘이 완전히 다르다는 사실입니다. 만약 '보상의 경우에는 뇌에서 A라는 물질이 분비되는데, 처벌의 경우에는 분비되지 않는다.'라면 이해하기 쉬울 것입니다. 하지만 실제로는 그렇지 않습니다. 겉으로 드러나는 현상을 보면 '보상'과 '처벌'은 한 쌍을 이루는 개념이지만, 뇌의 메커니즘에서는 전혀 다른 일이 벌어집니다. 그 사실을 염두에 두지 않고 뇌에 개입하면 잘못된 유도를 하고 말겠죠.

그처럼 엇나갈 수 있기 때문에 우시바 씨는 '현상의 배경에 있는 원리'에 주의를 기울입니다. "보상과 처벌이라는 건 단순하게 성질만 따지면 양극과 음극처럼 동일선상에 있는 것으로 보이지만, 뇌의 구조에서는 전혀 달라요. 제가 뇌를 재미있어 하는 것도 그 때문인데, 표면상의 결과나 눈으로 보이는 성질과 실제 뇌 속의 원리는 서로 차원이 전혀 달라요."

그렇다면 구체적으로 어떤 원리가 작용할까요? 일단 보상 시스템은 "도파민이 확 분비"됨으로써 "잘됐을 때의 운동 방식을 플래시를 터뜨려서 선명히 찍는 듯한 것"이라고 우시바 씨는 말합니다.

뇌 내부의 깊은 곳에 기저핵이라는 부분이 있는데, 거기가 보상을 느끼면 도파민을 분비해요. 도파민은 여러 뇌의 부위에 확 전해지죠. 그러면 예를 들어 운동을 할 때 활동하는 운동 영역이나, 운동을 계획하는 운동앞겉질이나, 아무튼 몸의 운동을 지배하는 뇌의 영역이 있는데, 운동이 잘되면 그런 운동을 지배하는 영역에 방금 전의 운동 방식을 고정하는 듯한, 뇌 내 마약이라 할 만한 약리적인 작용이 일어나요. 그러니까 운동을 잘한 순간을 플래시를 터뜨려서 현상하는 듯한 일이 일어나죠. 또 잘하면 다시 플래시가 터져서 현상하고요. 그렇게 카메라의 자동 노출 기능이 작동하듯이 점점 운동의 이미지가 진해져요.

기저핵이란 대뇌피질에 감싸이듯이 자리한 신경 세포체의 집단으로 대뇌피질과 시상, 뇌간의 사이에서 정보 교환을 중계·조절합니다. 보상을 느끼면 그 기저핵에서 도파민이 분비되고 대뇌피질의 운동에 관여하는 영역에 작용하여 방금 전에 한 운동을 뇌에 고정하려고 하죠. 우시바 씨의 표현을 빌리면 "플래시가 터져서 현상"되는 것입니다. 이 작용이 반복되면서 좋다고 판단되는 운동이 뇌에 정착됩니다.

우시바 씨에 따르면 보상 시스템을 이용하는 학습의 흥미로운 점은 '스승', 즉 목표해야 하는 '모범'과 '모범에 다가가는 법'이 없어도 학습이 진행되는 것입니다. 흔히 학습이라 하면 목표점인 모범에 자신을 맞춰가는 과정으로 여기기 쉬운데, 그런 것만이 학습은 아닙니다. '이렇게 해주세요.'라는 명확한 모범이 주어지지 않은 상황이라도 이렇게 저렇게 해보며 시행착오를 거듭하다 각각의 결과에 대해 '맞아, 지금 한 게 정답!'이라는 판단만 내려지면 '아아, 그렇구나.' 하고 학습이 진행됩니다. 이처럼 보상 시스템을 통한 학습을 '강화학습'이라고 부릅니다. 비유하면 '결과를 보고 칭찬해서 성장시키는' 방식이죠.

—— 가짜 꼬리의 뇌과학

잘했을 때 플래시가 터지는(도파민이 분비되는) 것이라서 모범이 없어도 결과적으로는 잘했을 때의 방식이 머릿속에 현상돼요. 그렇게 최종적으로 괜찮은 프로그램이 만들어지죠. 그런 것이 보상 시스템을 통한 강화학습이라 불리는 메커니즘이에요. 좋은 패턴을 결과적으로 선택해서 강화해가는 것이기 때문에 강화학습이라 부르죠. 그 학습에는 기저핵 같은 부분들이 관여해요.

단, 보상 시스템을 활용한 학습이 효과적일지는 사람에 따라서, 그리고 상황에 따라서 다르다고 우시바 씨는 말합니다. 외부에서 주어지는 보상에 대해 그걸 정말 보상이라 신뢰할지 말지는 개인마다 차이가 있고, 예를 들어 애초에 장비가 불안정하다면 신뢰의 정도는 내려갈 수밖에 없겠죠.

그와 더불어 외부에서 보상이 주어지지 않아도 스스로 잘했는지 아닌지 판단하는 능력 역시 사람마다 다릅니다. 우시바 씨에 따르면 그 판단 능력의 배경에는 자신의 몸을 얼마나 인지할 수 있는지가 관련 있다고 하죠. "감수성이 예민하거나 자기 몸을 포착하는 센스가 있어서 '지금 건 괜찮았어.' '이건 아냐.'라며 제대로 판단할 수 있고, 나아가 잘

했을 때 뇌 내 마약을 팍팍 분비하는, 그런 멘털을 지닌 사람은 알아서 강화학습을 잘할 수 있어요."

처벌 시스템의 원리: 오차 있는 학습

보상 시스템의 학습이 모범이 없는 상황에서 '성공 체험을 현상함'으로써 진행되는 것에 비해, 처벌 시스템의 학습은 성격이 전혀 다릅니다. 학습의 이면에 있는 뇌의 메커니즘에서 처벌과 보수는 전혀 다르기 때문입니다.

> 처벌 시스템이라는 건 잘하지 못했을 때 통증을 주거나 벌금을 매기는 등 엄청 실망시키는 것과 비슷해요. 뇌의 메커니즘을 보면 소뇌 등에서 오차, 그러니까 '실수했다.'라고 판단되는 걸 처리하면서 그 운동을 억제하거나 운동 계획을 조정하고 고치는데, 소뇌가 운동을 멈추는 방향으로 작용한다고 보면 돼요.

> 보상 시스템을 기저핵이라는 뇌의 깊은 부분이 담당하는 것에 비해, 처벌 시스템에서는 소뇌가 운동에 관여합니다. 소뇌는 근육의 움직임을 세세하게 조정하여 운동이

원활하게 이뤄지도록 하는 부분입니다. 처벌 시스템은 소뇌가 실패한 움직임을 없애도록 운동을 억제하고 계획을 수정하게끔 합니다. 옆에서 시시콜콜 잔소리를 하는 트레이너 같다고 할까요.

중요한 사실은 소뇌가 운동을 조정할 뿐 아니라 기억도 관장한다는 점입니다. 즉, 처벌 시스템으로 학습하면 익힌 내용이 오랫동안 뇌에 새겨지는 것이죠. 몇 년 만에 수영을 해도 수영하는 법을 잊지 않거나 갑자기 자전거 페달을 밟아도 잘 탈 수 있는 배경에는 근육의 세세한 움직임을 기억하는 소뇌의 역할이 있습니다.

정리하면 보상 시스템은 '아, 이러면 되는구나!' 하는 느낌을 통해 시행착오의 속도를 빠르게 하지만 올바른 운동을 잘 정착시키지는 못합니다. 한동안 시간을 두면 학습한 내용을 전부는 아닐지라도 많이 잊어버린다고 하죠. 그에 비해 처벌 시스템으로 하는 학습은 배우는 속도를 빠르게는 못 하지만 학습 후에도 오랫동안 머릿속에 남습니다.

이처럼 뇌에서 보상 시스템과 처벌 시스템이라는 서로 원리가 다른 작용이 일어나기 때문에 완전히 다른 두 가지 방식의 학습이 가능한 것입니다. 우시바 씨는 다음처럼 말합니다. "학습하는 속도를 빠르게 하느냐, 학습이 끝난 후에 오래 유지되게 하느냐, 작용점이 다르다는 게 보상 시템과 처벌 시스템의 차이이기도 해요.

활동하는 뇌의 영역도 다르고, 학습의

어느 단계에 영향을 미치는지, 효과변

경 effect modification●이 있는지도 다르죠."

대상의 기본 성질과 특징 등
변수의 수준에 따라 결과적으
로 효과가 다르게 나타나는
것을 가리킨다.

없는 꼬리를 흔들다

앞선 내용을 염두에 두면, 실제 운동 습득 과정에서 서로 다
른 두 가지 방식의 학습을 적절히 구별해서 쓰는 게 중요할
것입니다. 적절한 순간에, 적절한 학습 방법을 활용하면, 그
만큼 운동 습득이 순조롭게 진행되고, 또한 습득한 운동이
잘 자리 잡겠지요.

그 과정의 구체적인 모습을 보여주는, 얼핏 보면 엉뚱
한 우시바 씨의 실험이 있습니다. 실험 참가자들에게 주어
진 과제는 '꼬리를 흔들어라.'입니다. 물론 우리 인간에게는
꼬리가 없죠. 하지만 프랑스어를 말할 수 있게 되듯이, 외발
자전거를 탈 수 있게 되듯이, '꼬리 흔들기'라는 능력을 인간
이 새롭게 습득한다면… 하는 실험입니다.

실험은 협동 게임 같은 형식으로 이뤄집니다. 열 명 정
도의 실험 참가자들이 한 방에 모이고, 모두가 머리에 BMI
를 쓴 상태로 각자 자신의 터치스크린 앞에 앉습니다. 화면

——가짜 꼬리의 뇌과학

[도판 18] 뇌파로 꼬리를 움직인다.

'엉덩이 쪽을 의식하면 잘될까?' '원숭이의 모습을 상상했어?' '으음….'

에는 컬러풀한 원숭이의 꼬리 애니메이션이 나오죠. 실은 머리의 정수리 영역에 특정 주파수 뇌파의 진폭이 늘어나면 꼬리가 특정한 방향으로 움직인다고 프로그램을 짜두었습니다. 즉, 뇌를 미리 정해둔 방식으로 활동시키면 그 뇌파를 BMI가 포착해서 화면에 나오는 꼬리가 움직이도록 한 것입니다. 꼬리 자체는 가상의 존재지만, 뇌로 제어한다는 점에서는 내 몸의 손과 발을 움직일 때와 다르지 않습니다.

"자, 그러면 꼬리를 움직여주세요." 실험 참가자들은 그런 주문을 받습니다. 당연히 바로 움직일 수는 없죠. 누구도 꼬리를 움직여본 적은 없고, 가령 '정수리 영역의 이 주파수의 진폭을 이만큼 올리면 꼬리가 움직여요.'라고 원리를 가르쳐준다 해도 스스로 뇌파를 제어하기란 불가능합니다. 다시 말해 아무런 단서도 없는 채 무작정 이래저래 시도하면서 정답에 도달해야 하는 것이죠. 단언컨대 당치도 않은 게임입니다.

우시바 씨는 이런 학습을 '드노보 러닝de novo learning'이라고 부릅니다. '드노보'란 '처음부터', '완전히 새로운'이라는 뜻이죠. 예컨대 생화학에서 '드노보 변이'라고 하면 DNA 복제 시에 무언가 오류가 생겨서 부모에게 없는 게놈을 자녀가 지니게 되는 것을 의미합니다. 마찬가지로 '드노보 러닝'이란 지금까지 한 경험으로는 연역할 수 없는, 이끌어낼 수 없는 완전히 새로운 상태로부터 하는 학습을 가리킵니다.

대체로 스포츠에서 하는 동작이란 처음 하기는 어려워도 공을 던지려면 어깨와 팔꿈치를 어떻게 써야 하는지 같은 것은 예측할 수 있습니다. 몸을 어떻게 움직여야 대략이라도 대응할 수 있는지 자기 내부에 이미 모델이 있기 때문에 '이렇게 하면 되지 않을까.'라고 추측하면서 나아갈 수 있죠. 실행해본 결과가 목표에서 벗어날 때는 조금씩 궤도와 계획을 수정하면 됩니다. 하지만 드노보 러닝에서는 단서가 전혀 없기 때문에 어떤 전략을 취하면 될지 알 수 없습니다.

그렇기 때문에 '일단 찌르고 본다'는 식으로 이것저것 해보는 수밖에 없습니다. '엉덩이를 흔드는 이미지를 떠올리자.' '꼬리뼈 쪽에 힘을 꾹 줘볼까.' '내가 원숭이라고 생각하자.' 등 다양한 전략이 있겠죠. 참고로 '머리의 정수리'는 뇌에서 엉덩이와 다리의 운동에 관여하는 영역입니다. 즉, 대상이 꼬리이니 '엉덩이를 흔드는 이미지를 떠올리자.'는 느낌에서 그리 멀지 않은 곳에 정답이 있게끔 미리 설정해둔 것입니다.

어려운 점은 '이미지를 떠올린다'고 해도 시각적인 의미의 이미지가 아니라는 것입니다. 눈앞의 화면에 나오는 원숭이 꼬리가 움직이는 것을 상상하거나 거미원숭이가 꼬리로 나뭇가지에 매달려 있는 장면을 머릿속으로 그려도 그것이 정답으로 이어지지는 않습니다. 시각적인 이미지를 떠올려도 후두엽의 시각 구역이 반응할 뿐이지 운동 영역이 활성화되지는 않기 때문이죠.

과제를 풀기 위해 필요한 것은 운동에 관여하는 '체성감각體性感覺의 이미지'입니다. 우리는 몸을 움직일 때 피부가 얼마나 팽팽한지, 근육이 얼마나 단단해졌는지, 관절이 어느 정도로 움직이는지 하는 정보로부터 자기 몸의 운동 상태와 신체 부위의 위치를 느낍니다. 그 느낌이 바로 체성감각입니다. 체성감각은 우리가 의식할 수 없고 눈을 감고 있어도 활동하는 내부의 감각으로, 캄캄한 방에서 내 몸의 자세를 알 수 있는 것은 이 감각 덕분입니다.

우시바 씨의 실험에서는 운동에 관여하는 체성감각을 적절히 떠올리면 화면상의 원숭이 꼬리가 움직이게끔 했습니다. 꼬리 자체는 허구지만 참가자들이 '모종의 방식으로 생생하게 몸을 움직이는 느낌'을 떠올리지 못하면 꼬리가 움직이지 않게 한 것이죠.

─── 가짜 꼬리의 뇌과학

학습의 사회성

저렇게 해도 안 되고, 이렇게 해도 안 되네. 실험 참가자들은 닥치는 대로 머릿속에 이미지를 떠올리며 시행착오를 거듭합니다. 그러다 한 참가자가 우연히 꼬리를 움직이는 데 성공하죠. 화면 속에서 전류계의 바늘처럼 힘차게 흔들리는 꼬리. '와, 성공했어!' 이 느낌이 곧 보상이고, 참가자는 '이런 식으로 하면 되는구나.'라고 확신합니다. 그리고 방금 전과 같은 이미지를 한 번 더 시험하려 하죠. 이는 '보상을 통한 강화학습' 단계입니다.

다만, 글로 적으면 쉬워 보여도 방금 전은 우연한 성공이었기 때문에 그리 손쉽게 같은 이미지를 재현할 수는 없습니다. 그래서 전략을 살짝 바꿔봅니다. '엉덩이를 흔드는 이미지는 맞는 것 같으니까 엉덩이 오른쪽과 왼쪽에 힘을 주는 방식을 바꿔볼까.' '흔들기 시작할 때 좀더 힘차게 해볼까…' 처음에는 닥치는 대로 시행착오를 겪었지만, 어느 정도 전략을 좁히면서 정확도를 높이는 방향으로 나아가기 시작하죠. 이는 정교하게 다듬으며 완성도를 높이는 단계입니다.

흥미로운 점은 학습 단계에 따라 참가자 사이의 소통량이 변한다는 사실입니다. 앞서 설명한 대로 실험에서는 열 명 정도가 같은 방에 들어가서 모두 똑같은 꼬리 흔들기 과제를 받습니다. 소위 군집으로 실험하는 상태죠. 아직 논문으로 쓰이지는 않아서 과학적 검증은 이제부터 해야 한다지만, 우시바 씨는 이 실험으로 독학이 아닌 타인의 힘을 빌려서 하는 사회적 학습의 가능성에 대해서도 조사하고 있습니다.

몇 사람한테 BMI를 씌우고 꼬리를 흔들라고 과제를 내는 거예요. 처음에는 "으음."이라면서 꼬리를 잘 움직이지 못하는데, "자, 쉬는 시간이에요."라고 하면 다 같이 "지금 무슨 이미지를 떠올렸어?"라고 이야기를 나눠요. 저희는 그 모습을 조사하죠. 실험이 진행될수록 점점 꼬리를 잘 움직이게 되는데, 꼬리를 움직이는 성취도를 가로축, 이야기하는 양을 세로축에 두고 그래프를 그리면 U자 모양이 나와요. 그래프 한가운데에 꼬리를 잘 움직이게 되는 단계에서는 대화가 별로 없어요. 이제 스스로 '뭔가 알 것 같은데?'라고는 계속 완성도를 높이려 하기 때문에 묵묵히 혼자 연습을 반복하는 거예요.

정리하면, 참가자가 아직 명확한 전략을 습득하지 않

은 단계에서는 다른 참가자의 전략에서 단서를 얻기 위해 활발하게 소통한다는 말입니다. 다 같이 협력해서 탐색하려는 것이죠. "허리 부근을 의식하라니 어떻게 하는 거야?" "원숭이의 모습을 상상했어?" 등 그러라고 지시하지 않았는데도 서로의 방식을 캐묻듯이 활발하게 대화합니다.

그런데 우연히 꼬리를 움직이는 데 성공하고 참가자 각자가 '이렇게 하면 되는구나.'라고 전략의 방향성에 확신을 품게 되면 소통이 감소합니다. 완성도를 높이는 단계에 접어들어서 다들 조용히 개인 작업에 몰두하기 때문이죠. 이것이 'U자 그래프'의 왼쪽 절반 부분, 즉 학습을 시작하고 시간이 지나며 대화량이 줄어드는 것에 해당합니다.

그렇지만 더욱 실험이 진행되어 U자 그래프의 오른쪽 절반, 즉 학습의 성취도가 높아지면 다시 대화가 늘어납니다. 이번에는 자신이 알아낸 요령을 다른 사람에게 알려주기 시작하는 것이죠.

[도판 19 참조]

묵묵하게 연습을 계속하다 요령을 알게 되면 다들 자랑하고 싶어해요. "나는 알았어."라는 등 다시 말수가 많아지죠. 처음에는 다 같이 대화하면서 자신에게 없는 탐색적인 사고방식 같은 걸 타인으로부터 적극적으로 받아들이려 해요. "어떻

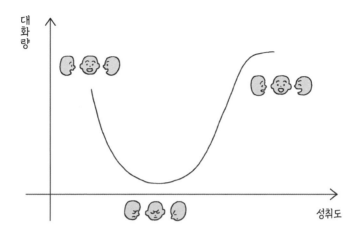

[**도판 19**] 꼬리 흔들기 실험에서 성취도와 대화량의 관계.

게 한 거야?"라고 물어보고요. 그러다 요령을 알
게 되고 자신감이 생기면 이번에는 알려주고 싶
어해요. 말하고 싶어하죠. 성격에 따라 다르긴 하
지만요.

할 수 있게 되면 알려주고 싶어한다. 그 광경이 눈앞에
그려지는 듯합니다. 그런 학습의 광경은 다양한 곳에서 눈
에 띕니다. 이를테면 여럿이 함께 뿔소라 구이를 먹을 때. 소
라 껍데기 속에 나선형으로 들어가 있는 살을 이쑤시개로
꺼내려면 요령이 필요한데, 제각각 자기가 어떻게 했는지
말하면서 이러쿵저러쿵 떠들썩하게 대화합니다. 그 외에도

펜 돌리기를 시도할 때, 두 손가락을 튕겨 딱 하는 소리를 내려 할 때도 마찬가지죠. "인간은 새로운 기능을 습득하고 그걸 확실히 기억하는 단계에서는 타인의 발상이나 사고의 너비처럼 자기에게 없는 걸 받아들이려 하고, 그러다 자기도 할 수 있게 되면 이제는 내 요령을 타인에게 나눠주고 싶다고 생각하는지도 몰라요."

단, 이런 운동 학습에서는 '답은 오직 하나'가 아니라는 점이 중요합니다. '오른쪽 엉덩이에 꾹 힘을 주는 느낌으로 엉덩이를 흔드는 이미지를 떠올린다'가 A에게 정답이라 해도, 그게 B에게도 C에게도 정답이라 단정할 수는 없습니다. '두 자리 숫자 곱셈의 계산법' 같은 건 언어와 그림으로 명확하게 알려줄 수 있지만, 운동 학습에서는 그럴 수 없습니다. 운동 학습의 경우에 사회성은 '할 수 있는 사람이 못 하는 사람에게 전수'하는 교육적 과정이 아니라 '각자의 시행착오를 공유'하는 탐색 분담적 과정이라는 게 핵심입니다.

꼬리의 신체화

학습이 계속 진행되어 자유자재로 꼬리를 제어하게

되면 더 이상 '오른쪽 엉덩이에 꾹 힘을 주는 느낌으로 엉덩이를 흔든다.' 같은 언어로 표현할 수 있는 수준의 이미지는 불필요하다고 우시바 씨는 말합니다. 즉, 꼬리를 움직이려 생각만 해도 움직입니다. '신체화embodiment'의 단계에 도달한 것이죠.

> 마지막으로 재미있는 건 참가자들이 익숙해질수록 '엉덩이를 흔들어서 꼬리를 움직이자.' 같은 '머릿속의 명시적 전략'이 점점 사라지고, 어렴풋한 생각만 품어도 꼬리가 왼쪽으로 움직이는 직감적 제어를 할 줄 알게 되는 거예요. 신체화가 되는 거죠. 컴퓨터그래픽으로 그린 전기톱 같은 걸 꼬리 옆으로 점점 가까이 대면 참가자가 깜짝 놀라서 땀을 흘릴 정도예요. 예상대로, 꼬리를 자기 몸의 일부로 착각하기 시작하는 느낌이 있죠.

참가자들은 화면 속의 꼬리를 움직이기 위해 훈련하는 사이에 의식적으로 생각하지 않아도 꼬리를 제어할 수 있게 됩니다. 이건 앞서 2장에서 살펴본 '자동화'의 단계라고도 할 수 있겠죠. 꼬리 흔들기 달인이 되어 문제 해결도 의사 결정도 불필요한 것입니다.

참가자들은 자신의 수족처럼 꼬리를 움직일 수 있게 됩니다. 즉, 꼬리가 손발과 같은 '내 것'이 되었다는 뜻이죠. 화면 속 꼬리에 위협적인 전기톱이 다가가기만 해도 내 몸이 상처 입을 듯한 공포를 느끼고 마는 것은 꼬리를 자신의 몸이라고 여긴다는 증거입니다.

그러고 보면 가상 현실을 체험할 때도 내 몸의 움직임과 연동하여 움직이는 시각 이미지를 자신의 몸처럼 느끼는 일이 자주 일어납니다. 예를 들어 HMD를 쓴 상태, 즉 현실 세계가 보이지 않는 상태에서 진짜 손으로 얼굴을 가렸을 때, 눈에 보이는 가상 공간에서도 손의 영상이 얼굴 앞으로 올라오면 우리는 그 가상 공간의 손이 내 손이라고 착각합니다.

그런데 우시바 씨의 실험에서는 조금 다릅니다. 실험의 참가자는 자신의 손발, 혹은 엉덩이를 물리적으로 움직이지 않습니다. '몸의 움직임에 연동해서 꼬리가 움직이는 것'이 아니라는 말입니다. 활동하는 건 뇌뿐이죠.

전자의 경우 뇌는 그저 자신의 손을 움직였습니다. 다시 말해 원래 할 줄 알던 행동을 한 것에 불과하죠. 그에 비해 우시바 씨의 실험에서 뇌는 지금까지 한 적 없던 일을 합니다. 즉, 학습이 일어났죠. 이 실험에서 꼬리는 뇌의 기능이 확장됨으로써 새롭게 몸의 일부가 된 부위입니다.

이걸 뒤집어보면 BMI를 이용해 화면 속의 꼬리와 뇌파를 연결함으로써 애초에 목표했던 능력이 완벽하게 발현되었다는 걸 뜻하기도 합니다. 참가자의 시행착오에 대해 외부에서 '그 움직임이 정답이야.'라고 보상을 주면서 뇌의 새로운 사용법을 유도한 것이죠.

물론 새로운 네트워크를 획득한 것 자체는 본래 뇌가 갖추고 있는 가소성 덕분입니다. 보상을 통한 학습 방식 또한 본래 뇌가 타고난 것이죠. 하지만 BMI를 활용함으로써 더욱 정확하게, 더욱 단시간에, 목표한 방향대로 학습이 유도되었습니다. 만약 이 실험의 '꼬리'를 '마비된 팔'로 바꾼다면, 팔을 움직이는 새로운 방식을 유도하는 데 단서를 줄 것입니다. 뒤이어 살펴보겠지만 우시바 씨는 이 실험의 결과를 바로 재활에 응용하고 있습니다.

멀리 떨어진 곳에 귀를 기울이면: 뇌파란 무엇일까

이쯤에서 한 가지 보충 설명을 하겠습니다. 도대체 뇌파란 무엇일까요? 잘 아는 분에게는 굳이 설명할 필요도 없겠지만, 그렇지 않은 사람은 종종 듣는 말임에도 그 실체는 잘 모를 수 있습니다.

우시바 씨가 말하길 뇌파를 측정하는 일이란 "고라쿠엔역後樂園駅에서 도쿄돔에 귀를 기울이는 듯한 일"입니다. 고라쿠엔역은 도쿄돔과 가장 가까운 지하철역입니다. 역에서 나서면 도로 건너편에 거대한 멜론빵처럼 생긴 돔구장의 형상이 눈에 들어오죠. 구장 내에서는 야구 경기나 콘서트가 열립니다. 돔(=뇌)에서 일어나는 일을 내부가 아닌 외부에서 알기 위해 귀를 기울이는 상태, 이것이 뇌파를 측정하는 상태라고 우시바 씨는 말한 것입니다.

애초에 뇌파란 '수백만~천만에 이르는 신경세포의 막전위膜電位들의 집합'을 가리킵니다. 신경세포에는 반딧불이처럼 동기화하여 활동하는 경향이 있고, 그 동기화의 패턴 및 상태 변화를 포착한 것이 뇌파입니다. 동기화는 서로 떨어진 영역끼리 일어나기도 하는데, 뇌의 기능이 반영된다고 여겨지기에 뇌파를 단서 삼아 뇌의 활동 상태를 추정할 수 있습니다.

요컨대 뇌파를 조사하는 것과 신경세포 하나하나의 활동을 조사하는 것은 전혀 다른 일입니다. 물론 바늘로 찔러보면 세포 하나하나에 대한 정보를 얻을 수도 있죠. 하지만 그로부터 뇌의 활동을 알 수 있느냐면 그렇지 않다고 우시바 씨는 말합니다.

도쿄돔에 있는 관중 한 사람 한 사람이 신경세포라고 생각해보세요. 4인 가족도 있을 테고, 커플도 있을 테고, 제각각 다양한 일을 하겠죠. 그 일들이 전부 기능 하나하나라고 치면, 돔 바깥의 고라쿠엔역에서는 어떻게 귀를 기울여도 절대로 기능들을 알 수 없어요. 세포 하나가 무엇을 하는지 알려면 돔구장 속에 바늘을 찔러서, 그 사람의 말을 마이크 같은 걸로 듣지 않으면 알 수 없죠. 그러면 좋을 것 같지만, 저는 그게 지나치게 작은 요소로 환원하는 거라고 생각해요. 가령 24열 13번 좌석에 앉은 사람의 대화를 들어본들, 도쿄돔에서 무슨 콘서트가 열리고 있고 어떤 분위기인지는 알 수 없잖아요. 나무만 보고 숲은 안 보는 셈이죠. 뇌파는 좀더 전체적인 양상을 어렴풋하게만 보여주지만, 그래도 콘서트 열기가 뜨거워서 다들 우레처럼 박수를 칠 때면 뭔가 시끌벅적한 느낌을 알 수 있고, 관중이 모두 "앙코르! 앙코르!"라고 외치면 바깥의 전철역에서도 들을 수 있어요. 뇌파를 조사하는 건 있는 힘껏 귀 기울여 '외야석 분위기 좋네.'라든지 '홈베이스 뒤쪽에서 뭔가 하나 보네.'라고 듣는 것과 비슷해요.

과학의 기본적인 방향은 커다란 전체를 작은 요소로 환원해가는 것입니다. 하지만 그러다 중요한 정보를 놓치기도 하죠. 뇌파는 오히려 '전체를 어렴풋하게 아는' 수단입니다. 우시바 씨는 자주 "뇌의 무드"라는 말을 하는데, 그 말대로 전체적인 분위기 속에서 뇌의 기능으로 여겨지는 것이 나타납니다. 바닷속에서 외운 단어를 육지에서는 잘 떠올리지 못한다는 학습의 환경의존성도 이러한 뇌의 모호한 성격을 알면 이해할 수 있죠.

돔구장의 관중 한 사람 한 사람을 신경세포 하나하나로 비유한 우시바 씨의 설명에 따르면 '정수리 영역의 특정 주파수 진폭을 늘린다'는 꼬리 실험의 과정은, '1루 베이스 쪽 관중을 신나게 하려면 어떤 곡을 틀어야 할까?'라는 과제를 풀기 위해 시행착오를 거듭하는 것과 같습니다. 그게 얼마나 어려운 일인지 조금만 상상해도 알 수 있죠.

재활에 응용하다

우시바 씨는 앞서 소개한 연구에 기초해서 회사를 설립하고 재활 현장에서 연구 성과를 응용하고 있습니다.

우시바 씨가 뇌졸중 환자를 위해 개발한 것은 뇌의 활동을 포착하는 헤드폰처럼 생긴 장비와 팔에 장착하는 글러브 모양 장비로 이뤄진 시스템입니다. 기존의 방법으로는 손을 움직이지 못했던 환자가 다른 신경 경로를 사용해서 손을 움직일 수 있도록 유도해주는 시스템이죠.

가령, 어떤 환자가 팔의 제어에 관여하는 좌뇌의 특정 부위에 손상을 입었다고 해보죠. 왼쪽 뇌에서 운동 명령을 내릴 수 없게 되었으니 오른팔이 생각대로 움직이지 않습니다. 뇌는 손상된 기능을 보완할 수 있는 새로운 신경 경로를 찾아서 시행착오를 거듭합니다. 꼬리 실험과 마찬가지로 어떻게 하면 되는지 단서는 전혀 없습니다. 캄캄한 곳에서 더듬거리며 바늘을 찾는 셈이니 좀처럼 성공할 수 없죠.

우시바 씨의 시스템에서 머리에 쓴 헤드폰 모양 장비는 뇌의 운동 영역이나 보조 운동 영역에서 보내는 신호를 기다립니다. 시각 영역이나 언어 영역이 활동해도 손은 움직이지 않기에 운동 영역이나 보조 운동 영역이 활동할 필요가 있는 것이죠. 그러다 우연히 환자의 뇌가 '정답'에 가까운 활동을 보이면, 헤드폰 모양 장비는 해당 영역의 신호를 포착하고, 환자가 팔에 장착한 글러브 모양 장비는 그 즉시 팔의 움직임을 보조하거나 근육에 자극을 주며 외부에서 팔을 물리적으로 움직입니다. '아, 이러면 되는구나!' 이 느낌이 보상이 되고 방금 전에 했던 뇌의 활동을 강화하는 방향으로 학습이 진행됩니다.

[**도판 20**] 뇌졸중 재활용 장비. 뇌가 '정답'을 맞히면
'맞아, 그거지!' 하는 느낌으로 팔을 움직여준다.

      우시바 씨는 실제로 이 시스템을 활용한 재활을 하루
에 한 시간씩 일주일 동안 경험한 환자의 영상을 보여주었
습니다. 이미 증상이 호전되기 어렵다는 말을 듣고 있었던
환자는 처음에 팔꿈치를 어깨 높이까지밖에 들지 못했습니
다. 그런데 우시바 씨의 시스템으로 재활한 후에는 팔을 부
드럽게 머리 위까지 들 수 있었죠. 곁에 있던 물리치료사도
환자 본인도 깜짝 놀랐습니다. 우시바 씨는 다음처럼 말했
습니다.

이쪽일까, 저쪽일까, 어느 경로를 활성화할지 선택해서 그쪽을 사용하도록 유도하는 건 BMI만 가능한 일이에요. 뇌의 이 부분을 써보라는 말을 들어도 환자가 자기 의지로 쓸 수는 없으니까요. 당사자가 어떻게 학습하면 좋을지 분명하게 알지 못하는 상태라도 뇌에는 자동적으로 프로그램을 업데이트하는 구조가 있어요. 적절한 타이밍에 적절한 반응을 제공하기만 하면 뇌는 그걸 활용해서 목표하는 방향으로 뇌의 활동을 전환해요.

우시바 씨의 연구는 뇌가 본래 지니고 있는 가소성을 외부에서 솜씨 좋게 조율하여 이끌어냅니다. 앞서 언급한 대로 우시바 씨의 목표는 기계로 인간을 사이보그화하는 것이 아닙니다. 기계와 인간이 합체하면 그동안에는 쾌적할지 몰라도, 합체하지 않으면 살아가지 못하게끔 인간을 약하게 만들 수도 있습니다. 그래서는 소용없겠죠. 어디까지나 잠재된 가능성을 어떻게 이끌어낼 것인지가 중요합니다.

가소성과 관련해서 뇌의 경로에는 널리 알려진 것과 조금 다른 성질이 있다고 우시바 씨는 말합니다. 우리가 교과서에서 배우는 것은 '좌반신은 뇌의 우반구가 제어하고, 그와 반대로 우반신은 뇌의 좌반구가 제어한다.'라는 '대측성對側性의 원리'입니다. 물론 실제로 그런 원리에 따라 뇌가 몸을 제어하지만, 중요한 것은 그 원리가 절대적이지 않다는 점입니다. 손가락의 움직임은 분명히 대측성의 원리에 따라 뇌가 지배하지만, 팔꿈치와 어깨의 경우에는 7대3, 혹은 6대4의 비율로 양쪽 뇌의 지배를 모두 받습니다. 즉, 좌뇌가 손상되어 오른팔이 움직이기 힘들어진 환자에게는 '우뇌를 써서 오른팔을 움직인다'는 대안도 있다는 말입니다.

우시바 씨는 실제로 재활 현장에서 이런 성질을 꽤 유용하게 '써먹을' 수 있지 않을까 가설을 세우고 있습니다.

손가락의 움직임을 회복하기 위해 뇌졸중으로 망가진 쪽의 뇌를 사용하면, 그쪽 뇌에는 여력이 거의 남지 않아요. 그래서 어깨를 치료할 때는 뇌의 손상되지 않은 쪽, 즉 어깨와 교차하지 않는 쪽의 신경섬유를 목표 삼아 그곳의 기능을 활성화하면 신호를 전달하는 효율이 좋아져서 몸의 움직임이 나아지지 않을까 생각했어요.

뇌의 영역뿐 아니라 어느 경로를 사용할지도 유도하는 것입니다. 심지어 몸의 부위에 따라 최적의 경로가 무엇인지도 배분하죠. BMI를 통한 재활은 마치 뇌가 보내는 신호를 외부에서 교통 정리하는 것 같습니다.

가소성이란 굳어버리는 것이기도 하다

이처럼 우시바 씨의 연구는 BMI를 활용해서 뇌가 본래 지니고 있는 가소성을 잘 끌어낼 수 있는 방법을 탐색합니다. 단, '가소성'에는 부정적인 면도 있다고 우시바 씨는 지적했습니다.

> 가소성, 영어로 'plasticity'라는 말은 열과 힘 등을 가해서 기능과 모양을 새롭게 바꾼 뒤에 열과 힘 같은 게 없어져도 한 번 바뀐 기능 등이 그대로 유지되는 성질을 가리키죠. 뇌의 특성에서도 경험과 자극 등으로 변화가 일어난 뒤에 그 결과가 나중에도 없어지지 않고 남아 있는 걸 가소성이라 하고요. 그에 비해 자극과 경험 등으로 변화했지만 나중에 원래대로 돌아가는 성질은 탄성이죠. 뇌에는 탄성이 없기에 일단 잘못된 학습을 하면, '언런(unlearn)', 그러니까 학습을 없던 일로 하고 원래 상태로 돌아가지 못해요. 뇌의 가소성이라는 성질은 새로운 신경 경로를 만드는 과정

에서 무척 많은 가능성을 주지만, 제대로 유도하지 않으면 잘못된 학습, 잘못된 적응을 초래해서 그 결과를 웬만해서는 지울 수 없다는 문제를 일으킬 가능성도 있어요.

일반적으로 '가소성'이라는 말을 들으면 '유연하다'는 인상을 많이 떠올릴 것 같습니다. 하지만 우시바 씨의 말에 따르면 그야말로 플라스틱이 그러듯이 가소성에는 '굳어진 채로 고정되는' 측면도 있습니다. 예를 들어 뇌졸중 환자 중에는 움직이지 않는 손을 움직이려고 자기만의 훈련을 고수한 결과 운동 영역이나 보조 운동 영역이 아닌 다른 영역, 즉, 대체 경로가 될 수 없는 영역을 활성화하는 버릇이 생겨버린 경우가 있다고 합니다. 그런 버릇이 붙으면 새롭게 획득한 특성이 그대로 굳어져서 그 잘못된 학습을 지우기unlearn가 몹시 어렵다고 하죠. BMI를 이용해 뇌를 유도할 때도 그런 잘못된 학습과 적응이 일어나지 않도록 조심해야 한다고 우시바 씨는 강조합니다.

이번 장에서는 공학과 의학을 아우르는 우시바 씨의 연구를 통해 '할 수 있음'이란 무엇인지 살펴봤습니다. 의식할 수 없는 곳에도 학습의 가능성이 남아 있다는 사실, 뇌의 관점에서 보면 학습은 언제나 환경 의존적이라는 사실, 그리고 의식의 관점에서 보면 자유분방한 듯한 몸의 행동도 뇌의 성질을 고려하여 보면 필연적인 결과라는 것을 알 수 있습니다.

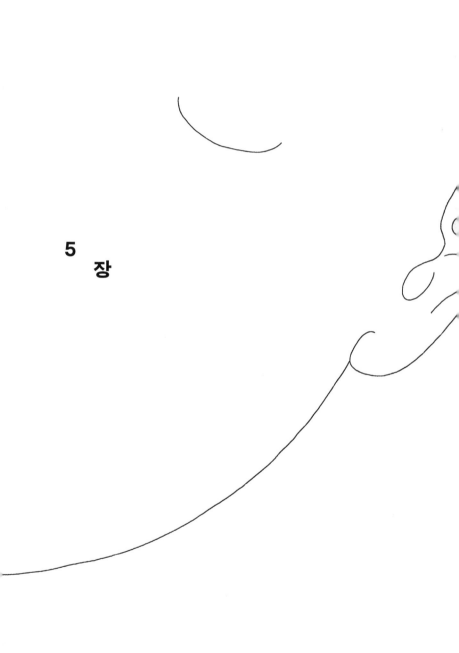

5

장

'나'와 '내가 아닌 것' 사이의 회색 지대

—— 몸과 몸을 이어주는 목소리

레키모토 준이치
曆本 純一

1961년생. 도쿄대학교 대학원 정보학환 교수. 소니 컴퓨터사이언스 연구소 선임 연구원, 부소장. 소니 CSL 교토 디렉터. 이학 박사. 전문 분야는 인간-컴퓨터 상호작용HCI, Human-Computer Interaction, 기술에 의한 인간 확장. 세계 최초의 휴대용 AR 시스템 내비캠 NaviCam, 멀티 터치 시스템 스마트스킨SmartSkin을 발명했다. 인간의 능력이 네트워크를 통해 결합하고 확장해가는 미래 비전 IoAInternet of Abilities를 제창했다. MMCA 멀티미디어 그랑프리 기술상, 일본문화디자인상, 닛케이BP기술상, 굿디자인상 베스트 100, 일본소프트웨어과학회 기초연구상 등을 수상했다.

'아, 이런 거구나.' 무언가를 할 수 있게 되는 것이란, 그때까지 알아채지 못했던 맹점에 빛이 밝게 비치는 듯한 사건입니다. 기술의 유도에 이끌리듯이 스스로 이럴 거라 믿었던 예상의 바깥에 불현듯 손이 닿는 일이죠. '할 수 있게 되는 것'은 자신의 그릇이 새롭게 빚어지는 일이기도 합니다.

기술 덕분에 가능해지는 '할 수 있음'은 나와 내가 아닌 것 사이에 펼쳐진 회색 지대로 우리를 데려갑니다. 그 회색 지대에는 어떤 세계가 있을까요? 기술이 개입함으로써 출현하는 새로운 '할 수 있음'의 형태란 어떤 것일까요? 지금까지 놀라운 연구와 작품을 세상에 많이 선보인 정보공학 전문가 레키모토 준이치 씨와 함께 이 의문에 대해 생각해보겠습니다.

또한 마지막 장인 5장에서는 앞선 장들과 분위기를 바꾸어서 기술적인 설명은 최소한으로 줄이고 레키모토 씨의 연구가 내포한 신체론적 영향을 중심으로 글을 진행하려 합니다. 레키모토 씨의 연구와 작품은 그것에 쓰인 기술도 물론 대단하지만, 우리의 사고를 자극하는 새로운 단서들로 가득하기 때문입니다.

레키모토 씨와 만날 때마다 그는 항상 다른 이어폰이나 헤드폰을 쓰고 있습니다. 노이즈 캔슬링 기능이 있는 이어폰, 목에 거는 넥 스피커, 뼈 전도형 무선 헤드셋… 모두 열 가지 정도를 가지고 있다는데 그중 서너 가지를 매일 사용합니다.

인터뷰를 하러 연구실을 방문했을 때도 그는 12만 엔에 구입했다고 하는 마크 레빈슨Mark Levinson의 헤드폰에 관한 이야기를 했습니다. "이거 추천해요. 소리의 투명감이 대단하거든요. 사실은 이동하면서 쓰고 싶은데 잃어버릴 것 같아서 못 그러고 있어요. 그래도 스피커랑 비교하면 훨씬 싸긴 하죠."

레키모토 씨가 평소에 듣는 것은 오로지 클래식 음악입니다. 그 자신이 학창 시절에 오케스트라에서 첼로를 연주했죠. 그의 연구실은 정식 명칭이 남다릅니다. 바로 'Laboratoire Révolutionnaire et Romantique', 번역하면 '혁명적이고 낭만적인 연구실'. 그가 좋아하는 오케스트라인 'Orchestre révolutionnaire et romantique혁명적이고 낭만적인 오케스트라'에서 이름을 따왔다고 합니다.

혁명적이고 낭만적. 확실히 레키모토 씨의 연구를 표현하는 데 딱 맞는 말입니다. 그의 연구는 SF 소설에 나올 법한 공상적인 발상을 생각지 못한 방법으로 구체적인 도구에 담아내니까요. 레키모토 씨의 머릿속에는 그저 효율성이나 정밀도를 높이는 것이 아니라 그야말로 0을 1로 만드는 듯한 발상이 항상 가득합니다.

그는 지금까지 100건이 넘는 특허를 취득했고, 그중에
는 우리가 매일매일 사용하는 것도 있습니다. 이를테면 스
마트스킨. 우리는 스마트폰 화면의 글자나 사진이 너무 작
아서 보이지 않을 때, 두 손가락으로 그걸 잡고 넓히는 동작
으로 마음껏 확대하죠. 그 기술의 개발자가 바로 레키모토
씨입니다. 그때의 일을 레키모토 씨는 자신의 책에 다음처
럼 적었습니다.

나는 무엇에 어떻게 사용할지는 그리 구체적으로
생각하지 않았다. 하지만 손끝으로 컴퓨터 화면
을 확대하는 것이 마우스로 하는 것보다 자연스
럽다는 느낌은 있었다. 현실 세계에서는 무언가
를 한 손가락으로 조작하는 게 드문 일인데, 어째
서 마우스를 쓸 때면 한 손가락으로 모든 걸 조작
하는 '부자연스러움'을 당연한 일로 받아들일까?
그런 나 자신의 작은 의문에서 스마트스킨 개발
이 시작되었다.[23]

사실 레키모토 씨가 스마트스킨을 개발한 것은 2001년
입니다. 스마트폰이 세상에 나오지도 않았던 때의 일이죠.

—몸과 몸을 이어주는 목소리

2007년에 첫 아이폰iPhone이 발매되었을 때, 레키모토 씨가 논문으로 발표한 기술이 스마트폰에 중요 기능으로 탑재되어 있었습니다. 그러니까 스마트스킨은 '스마트폰을 편리하게 만들자.'라는, 현재 있는 기술의 연장선에서 탄생한 것이 아닙니다.

"무언가를 한 손가락으로 조작하는 게 부자연스럽지 않을까?" 듣고 보면 확실히 맞는 말입니다. 하지만 마우스를 당연하게 받아들이면 좀처럼 그런 의문을 품기 어렵죠. 디지털 공간과 물리적 공간을 마찬가지로 다루는 것, 그리고 두 공간을 오가는 몸의 느낌에서 단서를 찾는 것, 레키모토 씨가 새로운 발상을 할 때는 항상 그런 것들이 뿌리에 있는 듯합니다.

그런 레키모토 씨가 인간 능력의 확장에 관한 발상을 할 때 '원초적 풍경', 아니, '원초적 기술'로 반복해서 회귀하는 것이 이어폰형 장비입니다.

대표적인 사례는 이어폰으로 듣는 일본 전통 공연 가부키歌舞伎의 음성 안내. 가부키를 잘 모르는 관객을 위해서 공연의 진행에 맞추어 이야기의 배경과 무대 위 소도구의 의미 등을 '귀엣말'로 안내해주지요.

레키모토 씨가 가부키의 음성 안내를 처음 경험한 것은 1992년이었습니다. 당시의 음성 안내는 아직 실시간 해설이 아니었습니다. 미리 테이프에 녹음해둔 해설을 담당 기사가 공연 진행을 지켜보면서 수작업으로 조금씩 재생했죠.

지금 보면 매우 아날로그적인 구조인데, 레키모토 씨는 '강렬한 신선함'을 느꼈다고 합니다. 마치 원격으로 몰래 본부의 도움을 받으면서 활약하는 옛날 스파이 드라마의 주인공 같았다고요.

비유하면 (기사는) 관객의 귀를 통해서 '잭인jack-in'한 것이다. 관객은 보조를 받는 그 즉시 '가부키 전문가'로 변신한다. 만약 이어폰으로 안내를 듣고 있다는 사실을 옆자리의 아내가 모르면, 가부키에 관해 아무것도 모르는 남편이 "저 항아리가 말이지⋯."라고 소곤거리면서 말해주는 데에 틀림없이 깜짝 놀랄 것이다.

사용하는 기술은 아날로그지만, '이건 혁명적인 인터페이스야!'라는 생각까지 들었다. 컴퓨터 앞에서 자판을 두드리며 정보를 얻는 게 아니라 평소처럼 생활하는 가운데 눈앞의 상황에 맞춰서 필요한 정보가 제공되는 것이다. 그 덕에 인간은 본래의 자신보다 '현명'해질 수 있다. 그야말로

———몸과 몸을 이어주는 목소리

'능력의 확장'이다.

변화하는 상황에 대응하여 필요한 정보를 제공하는 웨어러블 컴퓨터를 학술적으로는 '콘텍스트 어웨어context-aware, 상황 인식'라고 부른다. 그때그때 '맥락 콘텍스트'에 맞춰 정보가 손에 들어온다는 것이다.[24]

레키모토 씨의 재미있는 점은 가부키의 음성 안내를 그저 '시의적절한 정보 제공'이 아니라 '타인이 내게 쓴 것'으로 파악했다는 것입니다. 항아리를 본 순간 그것의 의미를 가르쳐준 담당 기사는 나의 '외장 두뇌'나 마찬가지이며, 심지어 그 정보를 머리에 장착한 작은 이어폰을 통해 직접 이야기해준다는 점에서 기사가 들려주는 귀엣말은 내가 '생각하는 것', '떠올리는 것'이나 마찬가지 아닌가. 기사라는 다른 존재가 나의 '보고 생각하는' 회로에 들어옴으로써 나는 가부키 전문가로 '변신'한 것입니다.

빼앗긴 사람의 보람

레키모토 씨의 감각을 한 마디로 표현한 것이 앞선 인용의 첫 문장에 등장하는 '잭인'이라는 말입니다. 레키모토 씨가 자주 쓰는 말인데, 원래는 윌리엄 깁슨William Gibson의 소설 『뉴로맨서』[25]에 등장한 말입니다. 내가 지금 있는 곳과 다른 장소에 있는 사람, 인공물, 공간 등과 기술을 통해 연결됨으로써 '정말로 거기 있다'는 몰입감을 경험하는 상태를 가리키죠.

실제 그런 사례를 들면, 레키모토 씨의 연구진이 만든 실험적 작품인 '카멜레온 마스크'가 있습니다. 물리적인 구조는 한 사람의 얼굴에 아이패드iPad를 달고, 그 화면에 다른 사람의 얼굴을 띄우는 것입니다. 아이패드는 인터넷과 연결되어 있어서 실시간으로 표정이 변하는 얼굴을 보여주고 목소리 또한 들려줍니다. 물리적인 신체는 지금 여기에 있는 A지만, 얼굴과 목소리는 여기에 없는 B인 것이죠. 작품의 이름대로 자유롭게 변화하는 타인의 가면을 쓴 상태입니다. 아이패드와 얼굴 사이에 아이폰을 넣어서 눈앞의 광경을 보여주기 때문에 A도 아이패드 너머의 상황을 아이폰 화면으로 볼 수 있습니다.

이 단순한 구조의 작품이 불가사의한 신체 감각을 불러일으킵니다. 우선 주위 사람들이 아이패드를 쓴 사람을 지금 이 자리에 없는 B로 대하기 시작합니다. 시청에 서류를 떼러 가면 담당자가 B에 대한 서류를 내주려고 하고, 친척 집에 가면 B로 맞이해주죠. 물리적으로 몸이 여기 있는

——몸과 몸을 이어주는 목소리

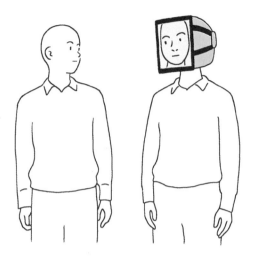

A보다 여기에 없지만 아이패드를 통해 얼굴이 보이고 목소리가 들리는 B의 존재감을 우선하는 것입니다.

신체 감각은 사회적 관계를 좌우하는 중요한 요소입니다. 주위 사람들이 그 사람을 B로 대하면, B는 자신이 그곳에 있는 듯이 느끼고, 그와 반대로 A는 자신의 몸을 B에게 빌려준 것으로 느끼게 됩니다.

이 지점에서 자신의 살아 있는 육체를 벗어나 '여기가 아닌 어딘가'로 몰입하는 잭인의 관계가 생겨납니다. B는 아이패드를 이용한 잭인으로 그곳에 존재하는 사람이 되고, A는 잭인한 B의 대리인이 됩니다. 아이패드를 손에 들고 화상 회의를 하는 정도라면 문제는 '상호 연결'이라는 기술적인 통신의 수준에 머무르겠지만, '가면'이라는 설정을 활용하면서 '인격'과 '존재감'을 인식하는 우리의 감각에 오류 같은 것이 일어나죠.

카멜레온 마스크는 아니지만 저도 비슷한 경험을 한 적이 있습니다. 오리연구소オリィ研究所가 개발한 분신 로봇 오리히메OriHime를 사용했을 때의 일입니다. 로봇이라 했지만 오리히메는 미리 설정된 프로그램대로 움직이지 않고 원격으로 사람이 조종합니다. 조종하는 사람은 파일럿이라고 불리는데, 오리히메의 이마에 달린 카메라로 현지의 광경을 보면서 자기 목소리로 이야기하거나 오리히메의 손발을 움직일 수 있죠. 오리히메는 주로 장애와 질병 때문에 외출이 어려운 사람들의 소통을 보조하는 로봇입니다.

오리히메는 파일럿의 얼굴이 보이지 않는 만큼 목소리의 영향력이 절대적으로 강합니다. 그 자리에 그 사람이 분명히 '함께하는' 듯이 느껴지죠. 오리히메의 관계자들은 파일럿이 지정된 로봇에 로그인하는 것을 "오리히메에 들어간다."라고 말하는데, 여기서 '들어간다'란 '잭인'과 느낌이 비슷할 것입니다. 그 자리에 함께한 사람에게도 그 전까지 그저 물건이었던 오리히메에 혼이 깃든 듯이 보입니다. 로봇을 들고 옮길 때나 만질 때, 눈에 띄게 태도가 정중해지죠.

—— 몸과 몸을 이어주는 목소리

예전에 외출이 어려운 지인에게 오리히메에 들어가 달라고 부탁하고 함께 행사에 출연한 적이 있는데, 그때 인상적인 일을 겪었습니다. 음향 담당자가 오리히메의 등 아래쪽에 있는 이어폰 잭에 단자를 꽂을 때, "죄송해요. 실례하겠습니다."라고 미안해하면서 "얍!" 하고 큰 결심을 하듯이 꽂은 것입니다. 그때 음향 담당자의 심경이란 환자에게 주사나 관장을 하는 간호사와 비슷했겠죠. 물리적인 몸은 없지만, 그 자리에는 짙은 존재감이 있었습니다.

단, 오리히메와 카멜레온 마스크에는 차이점도 있습니다. 길게 설명할 필요 없이 오리히메에는 로봇이라는 인공물에 사람이 '들어가지만', 카멜레온 마스크는 아이패드를 통해 타인의 몸을 빌린다는 점이 다르죠. 즉, 카멜레온 마스크에는 몸을 넘겨준 사람, 객인을 당한 사람이 있습니다.

그런데 레키모토 씨는 객인을 당한 사람의 감각도 흥미롭다고 말합니다.

이것에 어떤 실용성이 있는지는 아직 잘 모르지만, 인간이라는 존재에 대해 생각할 때 매우 흥미로운 현상을 보여주었다. 흥미로운 것은 가면과 소통하는 상대방의 반응만이 아니다. 대리인이 되어 자신의 몸을 빌려준 사람의 반응도 예상과 달랐던 것이다.

대리인은 아무 말도 하지 못하고 행동도 잭인한 인간이 지시한 대로 움직여야 하기 때문에 몸을 빼앗긴 듯한 상태에 놓여 있다. 다른 사람인 척하며 누군가를 속이는 것은 아니다. 자유의지를 빼앗긴 존재가 된 것이다.

그런데 나 역시 대리인이 되어보았지만, 그때의 느낌은 좀 독특했다. 일종의 '보람'이 느껴졌다. 대리인이 되어 신체만 제공함으로써 스스로 판단해야 한다는 책임에서 해방되고 '다른 사람에게 도움을 준다.'라는 순수한 행복감을 맛본 것이다.[26]

잭인을 당한 사람은 자유의지를 놓아버리고 자신의 몸을 타인에게 빌려줍니다. 얼핏 생각해보면 자유를 빼앗긴 상태이니 고통이나 구속감을 느낄 것 같죠. 그런데 레키모토 씨는 그 경험에서 "보람"과 "순수한 행복감"을 느꼈습니다. 그리고 "스스로 판단해야 한다는 책임에서 해방되"는 것을 느꼈다고 하죠.

그의 말대로 '자유의지를 놓아버린다'고 하면 얼핏 노예가 된 것 같지만 다른 관점에서 보면 '타인에게 일임한' 상

─ 몸과 몸을 이어주는 목소리

황이기도 합니다. 자신의 몸을 스스로 움직이는 것이 아니라 타인이 움직여주는 것이죠. 레키모토 씨의 연구는 SF 같지만, 어딘가 돌봄의 세계와도 비슷합니다. 장애의 세계란 '몸을 빌려주고 빌리는 프로들'의 세계이기 때문입니다.

혼자서 일어설 수 없을 때, 타인의 힘을 잘 받아들여서 '일어서는' 사람. 눈이 보이지 않을 때, 타인의 반응을 단서 삼아 '보는' 사람. 장애의 세계에서 '할 수 있음'이란 언제나 사람과 사람의 관계를 기초로 펼쳐집니다. 또한 그 관계 자체를 세밀하게 조정할 때도 상대의 시점을 내 것인 듯이 받아들여야 하는 상황이 자주 일어납니다. 돌보는 사람에게 적절한 주문을 하기 위해서는 상대방의 시점으로 '잭인'할 필요가 있을 테고, 그와 반대로 돌보는 사람이 나에게 '잭인'하기 좋도록 몸에 긴장을 풀고 들어올 여지를 만들 때도 있을 것입니다.

물론 그러기 위해서는 신뢰와 더불어 언제든 관계를 끊을 수 있다는 선택지가 반드시 있어야 합니다. 레키모토 씨의 실험에 참가한 학생들의 반응도 대체로 "30분 정도는 즐거워도 하루 종일은 고통이다."라는 것이었습니다. 신뢰 없이 신체를 빌려주고 빌리는 것은 고통일 뿐이지만, 신뢰가 있다면 자신과 상대방의 주권이 미치는 범위를 일시적으로 변경하여 기계로 연결된 몸 위에 새로운 능력의 지도를 그릴 수 있습니다.

카멜레온 마스크가 열어젖힌 노예와 자율 사이의 회색 지대는 그 자체가 돌봄이 이뤄지는 영역이기도 합니다. 사람은 어떻게 해서 안전하게 자신의 몸을 놓아버릴 수 있을까. 레키모토 씨의 연구는 기술로 확장된 타인과의 관계에 새로운 '할 수 있음'을 그리려 합니다.

초음파 탐촉자로 말하다

레키모토 씨가 최근 몇 년 동안 매달리고 있는 것은 사일런트 스피치Silent Speech, 즉, 목소리를 내지 않고 말하는 방법입니다. 목소리를 내지 않고 말한다니? 레키모토 씨는 그에 관해 다음처럼 말합니다. "만약 소리가 나지 않는데 음성 대화가 가능하다면, 아마 그게 궁극의 인터페이스가 될 거예요."

그러기 위해 쓰는 것은 의외로 초음파 검사기의 탐촉자. 병원에서 복부나 흉부를 살펴보는 초음파 검사기의 끝에 달린 T자 모양 기구입니다. 보통은 의료용이고 탐촉자의 끝에서 쏘아보낸 초음파가 장기나 조직에 부딪치고 반사되는 모습을 영상으로 보여주죠.

레키모토 씨는 초음파 탐촉자를 목에 댑니다. 탐촉자

를 대는 곳은 턱과 가까운 위치, 방향은 아래에서 위로. 마이크를 아래턱에 댄 듯한 모습이죠.

이 상태로 초음파 영상을 찍으면 어떤 결과가 나올까요? 원리는 복부 초음파 검사와 같습니다. 입 안의 모습, 특히 혀의 움직임이 보입니다. 이 상태로 무언가 말을 하면, 그때 입 안에서 무슨 일이 벌어지는지 영상으로 볼 수 있죠. 인간의 목소리는 목구멍부터 입술까지가 형태를 다양하게 바꾸면서 성대에서 나오는 경보기 같은 기계적 소리를 가공하고 공명시킴으로써 만들어집니다. 비유하면 시시각각 형태가 바뀌는 관악기 같은 것이죠. 초음파 영상은 우리가 매일 사용하는 이 악기의 변형 양상을 일부 가르쳐줍니다.

사일런트 스피치를 실현하려면 말할 때 입 안의 영상이 일정량 있으면 됩니다. 어느 정도 모인 데이터를 AI에 학습시켜서 '말하는 내용'과 '입 안의 움직임'을 짝지을 수 있게 합니다. 그 뒤에는 입 안의 모습을 촬영한 어떤 영상을 보여주어도 그에 대응하는 발화 내용을 이끌어낼 수 있죠.

AI로 이끌어낸 내용을 화면 낭독 소프트웨어를 이용하면 음성으로 변환할 수 있습니다. 필요한 건 입 안의 움직임을 담은 영상뿐이니 사람은 목소리를 내지 않고 입만 움직여도 충분합니다. 이것이 레키모토 씨가 '속삭이듯이'라는 뜻의 음악 용어인 '소토보체SottoVoce'로 부르는 작품입니다.

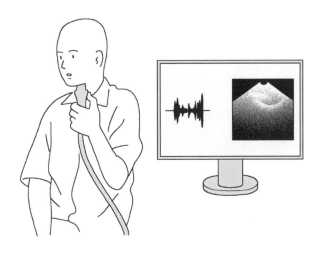

[도판 22] 레키모토 씨 연구실이 만든 '소토보체'. 목소리 없이 말한다.

　가령, 목에 초음파 탐촉자를 댄 채로 목소리를 내지 않고 "시리야, 음악 틀어줘."라고 입만 움직인다고 해보죠. 소토보체는 그 내용을 읽어내고 "시리야, 음악 틀어줘."라는 목소리로 변환해줍니다. 그러면 이번에는 기계가 낸 "시리야, 음악 틀어줘."를 포착하고 실제로 아이폰이 음악을 재생하죠. 음성화를 할지 말지는 상황에 따라 선택하면 되고, 사용자 입장에서는 입만 움직여도 음악을 재생하는 것이 가능합니다. 그야말로 소리 없는 목소리가 리모컨, 마우스, 터치스크린과 같은 인터페이스로써 쓰이는 것입니다.

자연언어 연구자도 음성인식 연구자도 정말 많이 계시지만, 저는 전혀 그런 걸 하지 않았어요. 그런데 스마트 스피커 같은 게 출시되면서 음성이 유저 인터페이스로 꽤 쓰이게 되었죠. 저는 오랫동안 MS 윈도우 같은 GUI(그래픽 유저 인터페이스)에서 쓰이는 마우스를 여러 손가락으로 대체하는 멀티 터치 계통의 물건을 만들어왔지만, 5년 정도 전에 사일런트 스피치 연구를 시작했어요. 자기 집에서야 편하게 "시리야."라고 소리 내서 말할 수 있지만, 바깥에서 갑자기 스마트폰에 대고 "오늘 일정은 뭐야?"라고 말할 수는 없잖아요. 그래서 만약에 소리가 나지 않아도 음성 대화가 가능하면, 아마도 그게 궁극의 인터페이스가 될 거라고 생각했어요. 요즘은 다들 이어폰을 끼고 있으니까, 입 안에서 중얼거리는 정도로 생각하면 귓속으로 답이 들어오는 거죠. 그게 가능해지면 텔레파시가 실현된 셈이기도 하고, 머릿속에 컴퓨터가 있는 것이나 마찬가지 아닐까요?

확실히 소리 없는 목소리로 스마트폰이나 컴퓨터를

다룰 수 있다면, 장소를 가리지 않는 편리한 인터페이스가될 것 같습니다. 각각의 문화마다 다르긴 할 텐데, 일본에서는 특히 타인이 있는 장소에서 통화하거나 기계에 대고 말을 거는 것이 그리 바람직하게 여겨지지 않습니다. 만원 전철에 타고 있을 때 집에서 하듯이 시리나 구글에 말을 걸기는 아무래도 어렵죠. 하지만 소리 없이 말할 수 있게 된다면, 그건 손끝으로 화면을 건드리며 보고 싶은 웹사이트를 보거나 메일을 쓰는 것과 다를 바 없는 '어디서든 쓸 수 있는' 인터페이스가 될 듯합니다.

레키모토 씨의 재미있는 점은 그걸 '머릿속에 컴퓨터가 있는 듯한 일'이라고 표현하는 것입니다. 소리 내지 않고 중얼거리는 것은 말 그대로 혼잣말입니다. 혼잣말이란 바로 '생각'이 바깥으로 새어나온 것이나 마찬가지죠. '생각'이 새어나왔을 뿐인데 내가 바라는 대로 기계가 움직여준다면, 그야말로 가부키의 음성 안내를 들으며 레키모토 씨가 꿈꿨던 SF의 세계가 실현된 셈입니다.

'베토벤이 듣고 싶어.'라고 중얼거리듯 생각합니다. 그것만 해도 귓속의 이어폰에서 베토벤 교향곡이 들립니다. '머릿속에 컴퓨터가 있다'는 것은 몸과 기계가 일체화된 듯이 느껴진다는 말이니, 인터페이스가 투명해진 상태라고 할 수도 있습니다. 다르게 말하면 내 몸 자체를 마우스처럼 사용하여 기계를 조작하는 상태죠. 다만, 기계와 인간의 일체화만이 정답은 아닐 터입니다. "인간-AI 상호작용 Human-AI Interaction이라고 부르는데, 인간이 AI와 좋은 관계를 맺는 것도 일종의 기능 습득 아닐까요?"라고 레키모토 씨는 말합니다.

속삭이는 목소리는 시프트 키

그렇지만 소리 없는 목소리로 하는 소통에는 한계도 있다고 레키모토 씨는 지적합니다. "시리야, 음악 틀어줘." "오늘 일정은 뭐야?"처럼 정석적인 문구라면 소리가 없어도 초음파 영상만으로 문제없이 답을 이끌어낼 수 있습니다. 하지만 "진짜 그 사람이 할 만한 생각이네."처럼 자유롭게 오가는 대화를 소리 없는 목소리로 말하면, 그 내용을 읽어내기가 급격히 어려워집니다. 객관식 문제는 풀 수 있지만, 서술형 문제는 풀지 못한다고 표현하면 될까요. 적어도 몇 년 전 수준의 AI로는 문구 단위는 읽어내도 대화 단위를 읽어내는 것은 어려웠다고 합니다.

이유는 몇 가지를 꼽을 수 있습니다. 일단 실제로 말할 때와 소리 내지 않고 말할 때 입 안의 움직임이 미묘하게 다르다는 것입니다. 소리를 낼 때는 목구멍에 힘이 들어가고

기도가 열리지만, 소리 내지 않을 때는 그처럼 힘을 주기가 어렵습니다. 소리 내지 않을 때는 순수하게 입만 움직이는 방식이 되곤 하죠. 그 때문에 초음파 영상만 보고 내용을 정확히 읽어내기가 어렵습니다.

그와 더불어 초음파 탐촉자로는 주로 혀의 영상을 확인할 수 있고, 그 외의 부분은 움직임을 볼 수 없다는 점도 영향을 미칩니다. 예를 들어 '바'와 '파'는 입술을 사용하는 소리라서 혀의 움직임만으로는 소리를 판별하는 데 아무래도 한계가 있습니다.

그래서 레키모토 씨는 '소리가 완전히 없는 상태'가 아니라 '희미하게 소리가 있는 상태'에서 실험하기 시작했습니다. 레키모토 씨는 그것을 위스퍼 보이스whisper voice, 속삭이는 목소리라고 합니다. 위스퍼 보이스를 쓰자 자유로운 대화도 AI가 읽어낼 수 있게 되었습니다. 최근 몇 년 간 딥러닝 기술이 발전하면서 문맥으로부터 단어를 특정하는 등 자유로운 대화를 처리하는 AI의 완성도가 높아진 것도 큰 도움을 주었죠.

위스퍼 보이스로 컴퓨터를 조작할 수 있으면 완전한 무음성은 아니더라도 '혼잣말로 조작하는 것'이 가능해지겠죠. 공공장소에서도 음성 대화와 비교하면 타인의 귀에 거슬리는 정도가 꽤 줄어들 것입니다.

──몸과 몸을 이어주는 목소리

음성으로 말하는 것 외에 위스퍼 보이스로도 이야기한다. 만약 이런 것이 당연한 일이 된다면, 하나의 몸을 두 방식으로 쓰는 셈일 것이라고 레키모토 씨는 말합니다. 나아가 인간이 타고난 능력을 끌어내는 것으로 이어지지 않을까 말하죠.

우리 인간은 속삭이는 목소리와 평범한 말하기를 구별해서 쓸 수 있는 능력을 지니고 있어요. 마치 키보드에서 시프트 키를 쓰는 것과 비슷하죠. 저는 두 방식을 일종의 모드로 쓸 수 있지 않을까 생각해요. 가령 구글 문서에 음성 입력을 할 때, 위스퍼 보이스는 명령어로 기능해서 '삭제'라고 속삭이면 글자가 지워지는 거죠. 그러면 손이 완전히 자유로운 음성 입력이 가능해져요. 우리가 두 가지 방식의 말하기를 구별해서 사용하는 능력을 활용하면, 아바타 두 사람을 평범한 음성과 위스퍼 보이스로 나눠서 사용하는 일이 가능하지 않을까요? 대화할 때는 평범하게 소리 내서 말하지만, 위스퍼 보이스로 말하면 그것만 컴퓨터로 향하는 거죠. 그건 능력 습득이 아니라 능력 확장이에요. 오래전에 개발한 멀티 터치는 한 손가락만 쓰는 마우스라는 인터페이스를 인간이 본래 지닌 다섯 손가락을 모두 사용하게끔 바꾼 것인데, 위스퍼 보이스도 그와 비슷해요. 우리는 여러 음색을 쓰는 능력을 타고났는데 지금까지의 음성 인식에서는 그런 능력을 쓰지 못했으니 본래 할 줄 알던 것을 써먹을 수 있게 하자는 거죠. AI를 활용하면 인간이 원래 갖추고 있는 능력을 더욱 끌어낼 수 있어요.

'위스퍼 보이스는 시프트 키 같은 것'이라는 레키모토 씨의 견해는 충격적입니다. 예를 들어 컴퓨터 키보드의 좌측 상단에 있는 키는 보통 숫자 '1'을 입력할 때 쓰입니다. 하지만 시프트 키를 누르면서 같은 키를 누르면 '!'를 의미하게 되죠. 같은 키가 시프트 키의 유무에 따라 '1'과 '!'라는 두 가지 의미를 지닙니다.

마찬가지로 사람과 대화할 때는 평범한 목소리로, 컴퓨터를 조작할 때는 위스퍼 보이스로 말한다면, '시프트 키를 누르면서 몸을 쓰는 것'이라 할 수 있습니다. 그리고 그건 원래 인간에게 있던 능력을 새로운 목적을 위해 쓴다는 것을 뜻하죠. 자주 쓰이지 않는 '속삭이기'라는 능력이 기계와 연결되면서 적극적으로 가치 있는 것이 됩니다.

—— 몸과 몸을 이어주는 목소리

위스퍼 보이스의 구조는 예전에 레키모토 씨가 개발한 스마트 스킨과 같습니다. 인간은 여러 손가락을 지니고 있고 현실에서는 대체로 두 개 이상의 손가락을 사용해서 물건을 잡거나 쓰는데, 당시의 인터페이스는 한 점밖에 조작할 수 없는 마우스가 주류였습니다. 레키모토 씨가 한 손가락만 쓰는 마우스가 '부자연스럽다'고 느끼고 멀티 터치로 화면을 조작할 수 있게 했다는 사실은 이번 장의 첫머리에 적은 바 있죠. 위스퍼 보이스 역시 인간이 본래 지니고 있는 '유성有聲/무성無聲'이라는 두 가지 말하기 방식을 최대한 활용할 수 있는 인터페이스입니다.

　　위스퍼 보이스를 사용하는 사례는 앞서 인용한 레키모토 씨의 말에 담겨 있습니다. 현재의 음성 입력은 목소리로 문자를 입력할 수 있지만, '삭제' 등 컴퓨터를 향한 명령은 기본적으로 키보드를 사용해서 입력해야 합니다. 소리 내어 '삭제'라고 말해도 그대로 '삭제'라는 글자가 문서 중간에 뜬금없이 입력될 뿐이죠. 하지만 위스퍼 보이스로 하는 음성 입력을 구별해서 쓸 수 있게 되면 '삭제' 같은 컴퓨터를 향한 명령은 위스퍼 보이스에 맡기면 됩니다. 그러면 손을 전혀 쓰지 않고 목소리만으로 문서를 완성할 수 있겠죠.

　　이 사례에서 일어나는 일은 컴퓨터와의 연결 속에서 인간의 능력이 인터페이스라는 관점으로 재정의·재편집된다는 것입니다. 컴퓨터와 신체가 연결되면 될수록 더욱 쉬운 연결을 위한 새로운 몸의 사용법이 필요해집니다.

레키모토 씨는 AI가 널리 퍼진 사회에서 중요한 교육은 프로그래밍 교육이 아니라 국어 교육이 아닐까 말합니다. AI가 잘 이해하게끔 논리적으로 말할 필요가 있기 때문이죠.

그가 말한 태도는 어떤 의미로는 다른 문화를 마주한 인간의 언동과 비슷할지도 모르겠습니다. 나와 다른 문화권의 사람과 소통할 때는 미리 내가 모르는 언어와 문화적 배경으로 번역될 것을 전제에 두고 내 말과 행동을 조정할 필요가 있으니까요. 그러다 보면 자연스레 '논리'처럼 언어와 상관없는 구조에 기대게 됩니다.

저부터도 영어로 강연할 때면 일본어로 강연할 때보다 훨씬 '이항 대립'●이나 '분류' 등 명쾌한 구조를 앞에 내세우는 방식으로 말합니다. 미묘한 뉘앙스가 사라진다는 점에서는 바람직하지 않지만, 애초에 논리 구조를 공유하지 않으면 차이를 전할 수도 없으니까요. 같은 일이 인간과 AI 사이에서도 일어난다면, 목소리의 종류뿐 아니라 '사고의 모드' 자체를 늘리는 것으로 이어질 듯합니다.

●

서로 대립된다고 여겨지는 두 용어가 짝을 이룬 것을 가리킨다. 예를 들어 '진보'와 '보수', '영웅'과 '악당' 등이 있다.

──몸과 몸을 이어주는 목소리

소리는 흉내 낼 수 있다

그런데 스포츠 등에서 새로운 신체 기능을 습득하는 상황을 생각해보면 소리에는 시각이나 촉각과 결정적으로 다른 중요한 특징이 있다고 레키모토 씨는 말합니다.

바로 귀로 들은 소리를 꽤 정밀하게 입으로 흉내 낼 수 있다는 것입니다. 레키모토 씨의 표현을 빌리면 귀로 들어온 입력(I)과 입으로 나가는 출력(O)의 균형(I/O)이 잡혀 있는 것이죠.

입출력(I/O)의 균형이 꽤 잡혀 있는 건 소리뿐이에요. 시각은 망막이 대단하지만, 보는 속도로 그림을 그릴 수는 없으니 몹시 불균형하죠. 하지만 소리는, 물론 모든 소리를 낼 수 있는 건 아니지만, 내보내는 것과 듣는 것이 어느 정도 균형 잡혀 있어요. 오디오 피드백●이 된 소리와 그걸 사람이 입으로 흉내 낸 소리가 생각 외로 꽤 비슷한데, 그런 점이 시각과는 다르지 않을까 싶어요. 하지만 언어로부터 이미지를 생성하는 AI 연구도 진행되고 있으니 나중에는 달라질 수도 있겠죠.

●
스피커에서 나온 소리가 다시 마이크로 돌아가 울림을 일으키는 현상.

5장
'나'와 '내가 아닌 것' 사이의 회색 지대

듣고 보니 시각은 형태, 색, 원근감 등 수많은 정보를 한순간에 포착하지만, 본 것을 한순간에 그리기란 거의 불가능합니다. 후각, 촉각, 미각 등도 느낀 것을 그대로 만들어내긴 어렵죠. 하지만 청각은 귀로 들은 소리를 어느 정도 정밀하게 입으로 흉내 낼 수 있습니다.

이 흉내 내기 능력이 우리의 발화 능력 습득 과정에서 얼마나 중요한지는 두말할 필요도 없습니다. 아기들은 주위 사람들이 말한 것을 귀로 듣고 차례차례 말을 기억하니까요.

다만, 발화 과정에서 하는 흉내 내기가 들은 소리를 그대로 반사하는 것은 아니라는 점을 주의해야 합니다. 입으로 흉내 내는 것은 물리학적으로 동일한 파형의 소리를 내는 것이 아닙니다.

가령 아버지가 저음으로 "안녕."이라 말해도 아기가 그대로 낮게 "안녕."이라 말하게 되지는 않습니다. 속도에 관해서도 들은 말의 속도를 그대로 따라 할 수는 없죠. 흉내 내는 과정에서 음정과 속도에 관한 정보는 버려집니다. 음정과 속도가 달라도 같은 단어와 문구라고 여기는 것이죠.

그에 비해 사투리와 억양 같은 요소는 사전적인 말의 의미에 큰 영향을 주지 않음에도 불구하고, 그대로 아기가 받아들입니다. 사투리를 쓰는 집안에서 성장한 아이는 그 사투리를 쓰게 되죠.

　무엇을 흉내 내고, 무엇을 흉내 내지 않을지 선택이 이뤄지는 것입니다. 아기는 신체의 차이를 뛰어넘어 공유되는 유형 같은 것을 몸에 익혀갑니다. 레키모토 씨는 다음처럼 말합니다. "학습이란 세계의 모델을 만드는 거예요."

　레키모토 씨는 우리의 발화 능력을 밑받침하는 '입출력 균형'을 스포츠나 악기 연주 같은 발성 외의 기능을 전달할 때도 사용할 수 있지 않을까 생각합니다. 앞서 2장에서 소개한 기능을 전달하는 데 쓰이는 '기술언어'로 의태어가 자주 쓰이는 것은 '입출력 균형'이라는 특성이 있기 때문 아닐까 하고요.

　예를 들어 일본 프로야구의 전설적인 선수이자 감독 나가시마 시게오長嶋茂雄가 선수를 지도할 때 썼다는 유명한 의태어가 있습니다. 그가 "공이 두둥 하면 꾸우욱 모았다가 한 번에 확!"이라는 표현을 쓴 것은 듣는 사람이 "두둥 하면"이나 "꾸우욱 모았다가"를 입으로 따라 하고 신체적으로 이해할 수 있기 때문입니다. 입으로 흉내 낼 수 있으면 그 방식을 자신의 운동에 받아들일 수 있습니다. 당연히 2장에서 예로 든 "차, 슈, 멘!"도 같은 사례죠.

　흉내 낼 수 있다는 것은 추상화의 정도가 낮다는 것을 의미합니다. 레키모토 씨는 정보 전달 매체로서 의태어의 뛰어난 점을 두 가지 꼽습니다. 일단 도형 같은 시각 정보와 달리 ① 시간적인 정보를 기호화하지 않고도 다룰 수 있는 점, 그리고 ② 서로 다른 여러 정보를 하나로 묶을 수 있는 점입니다.

①에 대해서는 자세한 설명이 필요 없겠죠. '모으다'나 '길게 늘이다'를 뜻하는 의태어를 잘 구사하면 운동의 리듬과 속도를 그대로 전달할 수 있습니다. 이런 시간적인 정보는 악보와 글자로 쓸 수도 있지만, 아무래도 추상적인 기호로 변환해야 한다는 한계가 있죠.

②에 관해서는 3장에서 소개한 타코야키 파티 일화가 증명해줍니다. 전맹인 지인에게 타코야키를 뒤집을 자리와 타이밍을 알려줄 때 처음에는 "안쪽으로 1센티미터."처럼 설명했지만, 마지막에는 "앗!" 하고 순수한 소리만 냈다고 했죠. '위치', '타이밍', '방향', '세기' 같은 여러 정보를 억양, 음량, 음색 등을 이용해서 한꺼번에 전할 수 있었습니다. 목소리는 운동 기능을 전달하는 과정에서 더없이 뛰어난 매체입니다.

레키모토 씨는 의태어를 사용하는 기술언어를 더욱 갈고닦을 수 있지 않을까 생각하고 있습니다. 나가시마 시게오의 사례를 비롯해서 현재 쓰이는 의태어는 편리하지만 모든 사람에게 완전히 통하지는 않습니다. 아직 연구가 진행되고 있지만, 몸의 움직임과 그에 대응하는 소리 사이에 누구나 직감적으로 알 수 있는 더욱 섬세한 관계를 만들 수 있다면, 기능 전달 도구로서 목소리의 가능성이 더욱 확장될지 모릅니다.

모션 캡처 등을 써서 골격의 다차원 데이터를 있는 그대로 보여줘도 이해하기는 어려워요. 하지만 소리의 경우는 좀 다르죠. 우리는 소리가 전하는 다차원 정보를 알아듣는 것에 비교적 익숙하다고 생각해요. 그런 부분을 잘 전환하면 능력 확장이나 기능 습득에 도움이 되지 않을까 싶어요. 음향화 연구도 있지만, 불협화음처럼 되면 알아듣기 어렵죠. 하지만 목소리는 기억할 수 있기 때문에 아까 "워워워"였던 게 이번에는 "위위위"로 바뀌었다는 식으로 비교할 수도 있어요. 자신의 움직임을 객관적으로 들을 수 있는 거죠. 그렇게 되면 '아, 어제랑 오늘은 좀 소리가 달라.'라든지 '이렇게 걸을 때는 이런 소리.'라고 귀로 기억해서 그 차이를 좁히듯이 연습할 수 있지 않을까 생각해요.

가령 '이렇게 몸을 움직일 때는 이 소리'라고 운동을 의태어로 변환하는 기계적인 방식을 만들어낼 수 있다면, 우리는 운동을 소리로 이해할 수 있지 않을까요? 현재는 '하늘하늘'이라는 단어에 '얇은 것이 조금 힘없이 늘어져 바람 등에 가볍게 잇따라 흔들리는 모양.'이라는 대응 관계 정도만 있지만, '하늘하늘'을 '하하늘늘'과 '하아느을'로, 더 나아가 '하아느을'을 '하아아아늘'과 '하느으으을'로⋯ 하는 식으로 의태어를 점점 더 선명하게 하면 온갖 운동을 소리로 표현할 수 있을 것입니다.

다만, 의태어를 기능 전달에 활용하려면, 가령 '하아아아늘'의 경우에 팔꿈치를 어느 정도 굽히고, 중심을 어디에 두며, 넓적다리는 얼마나 들어야 하는지 등 구체적인 운동 방식을 명확하게 담을 수 있어야 합니다. 그러니 의태어에 정보로서 객관성과 직감적인 이해 가능성을 양립시키는 것이 중요한 숙제입니다.

그 숙제를 풀어내고 일어나길 기대하는 본질적인 변화는 '자신의 움직임을 객관적으로 듣기'가 가능해지는 것입니다. 보통 자신을 객관적으로 볼 때는 영상 등을 찍어서 시각적으로 확인하는데, 소리로 변환할 수 있게 되면 '이게 내 움직임이구나.'라고 '객관적으로 보기'가 아닌 '객관적으로 듣기'가 가능해지겠죠. 레키모토 씨의 말대로 "워워워"와

——몸과 몸을 이어주는 목소리

"위위위"를 비교하면서 그 차이를 좁히듯이 훈련하게 될 것입니다. 그런 훈련이란 '이상적인 소리'를 내기 위해 자신의 몸을 '연주하는' 것 같지 않을까요? 소리는 흉내 내기 쉽다는 성질 덕분에 타인의 움직임을 흡수하는 걸 도와주는 동시에 자신의 움직임을 객관적으로 관찰하는 것도 가능하게 해줍니다.

이 책에서 지금까지 소개한 '할 수 있음'을 위한 기술은 모두 사람 대신 기술이 연습자의 신체적 가능성을 이끌어내는 것들이었습니다.

그에 비해 레키모토 씨가 소리에서 찾아낸 기술은 사람에서 사람으로 기능을 전달하는 소통의 정밀도 자체를 높이는 듯한 것입니다. 그의 연구에 있는 것은 인간의 몸이 본래 지니고 있는 능력을 솜씨 좋게 해킹해서 다른 사람의 몸과 관계를 만들거나 다른 사람의 운동을 받아들임으로써 생겨나는 새로운 형태의 '할 수 있음'입니다.

나와 내가 아닌 것 사이의 회색 지대

마지막으로 하나 더, 목소리에는 잊어서는 안 되는 중요한 특성이 있습니다. 바로 목소리가 그 사람의 '고유성'과 밀접하게 연관되어 있다는 사실입니다.

카멜레온 마스크와 오리히메의 사례에서 보았듯이 목소리에는 물리적인 몸을 빼앗는 힘이 있습니다. 물리적인 몸은 다른 사람이거나 인공물인데 목소리가 ○○○라면 그 몸을 통해서 ○○○가 지금 이 자리에 있는 듯이 느껴지는 것이죠. TV 애니메이션의 등장인물을 담당하는 성우가 도중에 바뀌면 이질감이 느껴지곤 하는데, 그 역시 '그 인물다움'에서 목소리가 꽤 많은 부분을 차지한다는 사실을 체감하는 사례입니다.

예전에 질병 때문에 후두를 적출한 분과 처음으로 대화했을 때, 무척 불가사의한 경험을 했습니다. 그분은 후두를 적출했기 때문에 우리가 아는 목소리를 낼 수는 없었습니다. 기관 삽입을 위해 목에 뚫은 구멍으로 때때로 공기가 새서 "휘이"나 "파하" 하는 소리가 들릴 뿐이었죠. 우리는 천장이 높은 찻집에서 태블릿 PC를 활용하며 필담을 나눴습니다.

놀라웠던 것은 몇 시간 동안 이야기하는 사이에 불현듯 그분의 목소리가 들린 것 같았다는 점입니다. 소리는 똑같았는데 "휘이"가 "맞아!"로, "파하"는 웃음소리로 들리기 시작했죠. 아마 태블릿 PC를 저에게 보여주는 동작이나 미소를 짓는 모습 등에서 제가 점점 그분의 인품을 이해했기 때문이겠죠. 소리는 없지만 상대방의 고유성을 알게 된 순간 그걸 목소리로 느낀다는 사실을 경험한 날이었습니다.

오직 그 사람만의, 그 사람다움으로서의 목소리. 하지만 최근 몇 년 동안 그 목소리가 물리적인 의미로 정말 그 사람의 몸에서 나온 것인지 점점 미심쩍어지고 있습니다. 누군가의 목소리를 녹음한 데이터로부터 그 사람이 실제로 말하지 않은 음성과 영상을 AI로 만들어내는 일이 가능해졌기 때문입니다. 그 기술을 사용하면 이미 눈감은 사람을 되살릴 수도 있습니다. 2019년 AI로 되살려낸 전설적인 가수 미소라 히바리美空 ひばり의 신곡이 발표되어 큰 화제를 모았죠.

종교와 정치 등의 선전 도구로 악용될지 모르는 페이크 영상 등은 반드시 고심해야 하는 문제지만, 그 기술을 사용하면 언어의 장벽을 뛰어넘는 일이 한결 쉬워집니다. '사실은 내가 말하지 못하는 언어를 말하는 내 영상'을 만들 수 있기 때문이죠. 레키모토 씨도 러시아의 침공 이후 언론에서 자주 접하게 된 우크라이나어로 말하는 사람의 영상을 사용해서 그런 실험을 해보았다고 합니다.

> AI로 음성 변환을 하면 제가 우크라이나어로 말할 수 있게 돼요. 만약 온라인 강연을 할 때 그 기술을 활용한다면 무슨 언어든 상관없게 되겠죠. 중국이라면 중국어로 말할게요, 방언도 상관없어

5장
'나'와 '내가 아닌 것' 사이의 회색 지대

[**도판 23**] 우크라이나어로 말하는 레키모스키. 현실에는 존재하지 않는다.

요, 하고 누가 무슨 언어를 구사하는지는 신경 쓸 필요가 없어질 거예요. 그야말로 궁극의 배리어 프리barrier-free 같겠죠.

대면 소통에서는 어렵겠지만, 줌Zoom 등의 온라인 소통이라면 AI를 매개로 대화하기도 더욱 간단해질 것입니다. 온라인 회의 서비스에 듣는 이의 언어에 맞춰서 화자의 이야기를 자동 번역하고 영상과 음성까지 자동 생성하는 기능이 더해지면, 서로 무슨 언어를 쓰든 소통이 가능해질 테니까요. 레키모토 씨는 코로나 시대를 경험하며 온라인 사회에서는 "언어의 장벽을 뛰어넘었다고 생각한다."라고 했습니다.

한편으로 그런 변화에는 자신이라는 존재의 그릇이 흔들리는 듯한 감각도 있다고 말합니다. 그것도 영상의 제작법에 따라 흔들리는 방식이 다르다고요.

제 목소리가 우크라이나어로 말하는 걸 들으면 마치 내가 할 줄 아는 듯한, 능력이 확장된 느낌이 강하게 들어요. 그에 비해 젤렌스키 대통령의 연설하는 목소리에 맞춰 제 얼굴이 움직이는 영상을 보면 그때는 복화술의 느낌, 조종당하는 느낌이 들죠. 내가 인형극의 인형이 된 것 같아요.

다시 말해 레키모토 씨의 목소리로 레키모토 씨가 우크라이나어를 유창하게 구사하는 영상을 보면 내가 진짜 할수 있는 것처럼 느껴지지만, 젤렌스키 대통령의 목소리로 레키모토 씨가 말하는 영상을 보면 몸을 빌려준 듯한 느낌, 조종당하는 느낌이 든다는 말입니다. 그야말로 '목소리'가있기에 '나'를 느낀다는 것이죠.

문제는 합성된 영상에서 무슨 언어든 말할 줄 아는 나에게 실제로 '할 수 있는 것'은 무엇인가, 하는 점입니다. 살아 있는 내 몸에 그 언어를 말할 능력이 없어도 기술을 활용해 말하는 영상을 만들어낼 수 있으면, 나는 그 언어를 할 수있다고 해도 괜찮은 것일까? 아니면 지금까지 그랬듯이 내입으로 말할 능력은 없으니 그 언어를 할 수 있다고 해서는안 되는 것일까? 적어도 소통이 가능한지만 따지면 전자의경우에도 큰 문제는 없습니다.

이 문제에서 중요하게 생각해볼 만한 것은 레키모토 씨가 합성 영상을 보고 '능력이 확장된 느낌'을 맛봤다는 점입니다. 레키모토 씨는 "'내가 할 수 있다'는 느낌이란 대체뭘까?"라고 묻습니다. 매일매일 스마트폰을 만지면서 온라인에서 얻은 정보에 기초해 의사결정을 하는 우리는 더 이상 자신의 몸으로 하는 것만 '할 수 있는 것'이라고 여겨지는 시대를 살아가고 있지 않습니다. 레키모토 씨는 다음처럼 말합니다. "요즘 세상에서는 자기 주체 의식 같은 말이 정말 많이 들리죠. 그런데 저는 나인지 또는 내가 아닌지, 그 틈새에 있는 회색 지대 같은 게 재미있어요. 별로 깔끔하게 정리하고 싶지는 않아요."

물론 완성된 영상이 정말로 내 의도를 전하는지 아닌지는 그 언어를 이해하는 사람만 확인할 수 있습니다. 더 나아가 언어를 배우는 과정에서는 언어를 쓰는 능력뿐 아니라 문화적 배경과 사고방식도 함께 배우게 되기에 그저 '소통만 되면 오케이'인 문제는 아닐 수 있겠죠. 하지만 지금까지 언어 학습에 소비한 방대한 시간을 다른 일에 쓸 수 있다는 점을 고려하면, 기술을 활용하는 선택지를 택하는 사람도 있을 것입니다.

더 나아가 전혀 생각하지 않은 가능성도 있습니다. 합성된 영상이 살아 있는 몸의 학습을 촉진할 가능성 말입니다. 레키모토 씨는 춤에 관한 연구로 실제의 자신보다 춤을 잘 추는 자신이 합성된 영상을 보면서 연습했을 때 학습 효율이 좋아진다는 사실을 밝혀냈습니다. 즉, 스승을 모범으로 삼는 게 아니라 현실의 자신보다 잘하는 가상의 자신이 모범일 때가 좋다는 말입니다.

앞서 3장에서 마쓰야마 히데키 선수의 스윙 영상이 내 움직임에 맞춰 스윙하는 사례를 소개했죠. 레키모토 씨의 연구에서는 자신의 영상이, 그것도 이미 기능을 습득한 미래의 자신이 현재 아직 하지 못하는 나에게 '이쪽이야.'라고 손을 내밉니다. 마치 나의 일부가 나와 하나가 되려는 것 같죠.

본래 우리가 무엇을 '할 수 있다'고 여길지는 습득한 기능에 따라 판단이 달라질 것입니다. 내 몸으로 해내는 것 자체가 충실하다고 느껴진다면 그런 기능은 직접 하는 게 좋죠. 하지만 그렇지 않은 경우에는 습득에 긴 시간을 들이기보다 기술의 힘을 빌리는 게 나을 것입니다. 가령 같은 언어라도 누군가는 프랑스어는 직접 하겠지만 영어는 기술의 힘을 빌리겠다고 하는 등 구별이 생길지도 모릅니다.

'할 수 있음'이란 나 자신의 그릇을 새롭게 빚는 것이며, 그때까지 깨닫지 못한 '나와 내가 아닌 것 사이의 회색 지대'로 내려앉는 것입니다. 기술은 인간보다 훨씬 빠른 속도로 회색 지대를 탐색하고 새로운 가능성을 인간에게 제시해줍니다. 레키모토 씨는 다음처럼 말합니다. "무엇이 '셀프 self, 나 자신'이고 '아더other, 내가 아닌 것'인지 기술이 앞서가며 꽤 이것저것 밝혀졌어요. 그 두 가지가 섞이기도 하고요."

우리 사회에서는 보통 '할 수 있다 = 뛰어나다' 그리고

──몸과 몸을 이어주는 목소리

'할 수 없다 = 열등하다'라는 능력주의적 척도로 '할 수 있음'을 논합니다. 하지만 몸의 관점에서 보면 애초에 '할 수 있음'이 무엇인지, 무엇을 '할 수 있다'고 정의할 것인지, 그 자체가 중요한 문제로 대두됩니다. 그 문제는 우리가 자신의 체감을 바탕으로 고민해야 하는 감각적인 질문인 동시에 각종 제도 설계와 관련 있는 사회적 질문이기도 합니다.

레키모토 씨의 연구는 '나와 내가 아닌 것 사이의 회색 지대'에 있는 온갖 그러데이션을 우리가 경험할 수 있게 해줍니다. 그리고 그 경험을 통해 기술과 인간의 다양한 연결 방식에 대한 단서를 제공해줍니다.

에필로그———
능력주의에서
'할 수 있음'을
되찾다

이공계 연구자 다섯 명과 대화하며 깨달은 것. 너무 소박하지만 저는 '할 수 있게 되다'의 재미를 깨달았습니다. 기술이 이끌어내는 미지의 가능성, '길눈'에 기대어 그때그때 발견되는 정답, 내가 아닌 것과 연속되는 나…. 그들의 연구에는 더 이상 '나의 몸'이라는 말을 쓰기가 꺼려지는, 밝은 의식의 영역 바깥쪽에서 대담하고 섬세한 모험을 펼치는 몸이 있습니다.

그와 동시에 저에게 신경 쓰인 것은 우리가 '할 수 있게 되다'의 불가사의함과 풍요로운 만족감을 의외로 빼앗기고 있는지 모른다는 점이었습니다.

프롤로그와 5장에 적었듯이 '할 수 있다'와 '할 수 없다'라는 말은 흔히 '할 수 있다 = 뛰어나다', '할 수 없다 = 열등하다'라는 능력주의적 가치관과 연결되곤 합니다. '할 수 있다'와 '할 수 없다'는 그저 차이에 불과한데, 능력주의적 가치관에서는 우열이라는 하나의 척도에 놓이고 말죠.

그런 사회에서 '할 수 있게 되다'라는 경험은 '○○보다 할 수 있게 되었어.'라는 타인과의 경쟁과 비교로 손쉽게 바뀌어버립니다. '타인보다 할 수 있게 되는 것'이 목적이 되고, '할 수 있게 되다'라는 사건 자체에 있는 불가사의한 재미와 상상을 뛰어넘는 만족감에는 별로 눈길을 주지 않습니다.

그런 사실은 평소에 학생들을 대할 때도 강하게 체감할 수 있습니다. "정수론이 진짜 너무너무 재미있어요."라고 흥분하며 말하는 학생이 있는가 하면, "이런 학교밖에 입학하지 못했어."라고 입시생 마인드를 놓지 못하는 학생도 있죠. 숫자로 평가를 받으며 비교라는 틀 속에서 점점 자기애를 잃어가는 학생들이 놓인 상황이란 심각합니다.

그런 의미에서 이 책의 목적은 역설적이게도 **능력주의로부터 '할 수 있음'을 되찾는 것**이었는지도 모르겠습니다. '할 수 있음'의 묘미를 능력주의가 빼앗아간 풍조 속에서 다섯 연구자들의 이야기는 '할 수 있음'의 묘미 그 한복판으로 우리를 데려가줍니다.

'할 수 있게 되는' 과정에서 사람은 작은 과학자가 됩니다. 그리고 동시에 문학자도 되죠.

앞서도 적었지만 할 수 있게 되는 것은 자신의 그릇을 새로이 빚는 것입니다. 그 과정은 당사자에게 무척 큰 모험이죠. 더군다나 자신의 의식이 아니라 기술과 함께 미지의 영역으로 발을 내디딘다면 불안과 기대는 더욱 커질 것입니다.

할 수 있게 되려는 사람은 모험을 향해 발을 내디디면서 자신에게 무슨 일이 일어나는지 그 나름대로 관찰할 것

에필로그

입니다. 뇌졸중을 겪은 환자라면 매일 재활하며 몸에 어떤 변화가 일어나는지. 악기에 도전하는 사람이라면 연습 방식을 바꿨을 때 소리에 어떤 변화가 일어나는지. 그런 내용을 일기에 기록하는 사람도 있을 테고, 자신의 물리치료사나 선생님에게 이야기하는 사람도 있겠죠.

몸이라는 수수께끼의 물체를 상대로 시행착오를 거듭하는 사람들의 시도는 전문가인 과학자들이 하는 것과 그리 다르지 않습니다. 아니, 절실함을 기준으로 보면 전문가인 과학자보다 더하겠죠. 보이지 않는 길을 왔다 갔다 하면서 그 사람 나름 진리를 찾아 헤맵니다.

그런 시도는 동시에 그 사람의 과거, 그리고 미래를 향하는 몸의 역사를 만들어낼 것입니다. 그 과정에서 무엇을 우선할까, 그리고 무엇을 희생할까. '할 수 있게 되는' 과정에서 만들어지는 신체적 정체성과 거기서 태어나는 유일무이한 이야기는 그야말로 문학입니다.

현재, 기술과 우리 인간의 관계는 그리 밝지 않습니다. 개인과 개인의 자유로운 연결을 목적으로 시작된 인터넷은 사회를 단절시키고 민주주의를 위협하는 도구가 되었습니다. 농업 분야에서는 유전자 해석 기술이 발전하면서 생물이 오랜 시간에 걸쳐 만들어내고 농가가 개량해온 종자가 특정 기업의 소유물이 되려 하고 있죠. 우리는 기술이 쌓아

올린 환경 속에서 의지와 상관없이 살아가며 거의 선택지가 없는 채 기술에 지배당하고 있습니다. 기술과 관련해 우리에게 주관이란 없다. 마치 그런 기분이 들죠.

이 책에서는 우리 사회에 있어 기술의 양상에 관해 직접적으로 논의하지는 않았습니다. 하지만 '할 수 있게 되는 과정'에 대해 생각하는 것 자체가 저 멀리 떠나간 듯한 기술을 다시 한 번 우리 곁으로 끌어당기는 계기가 되리라 생각합니다. 나는 어떤 기술과 함께 '할 수 있게 되고' 싶은가. 그 기술을 썼을 때, 몸은 어떻게 반응하는가. 무언가를 할 수 있게 되려는 사람은 작은 과학자이자 문학자가 되어서 말 그대로 자신의 일로서 기술과 어떻게 관계를 맺을지 시행착오를 거듭할 것입니다.

물론 경제적 격차가 초래하는 기술적 자원의 불균형, 기술이 생태계에 미치는 영향, 윤리적 문제, 의사 결정의 어려움 등 해결해야 하는 숙제는 산더미처럼 있습니다. 하지만 '할 수 있게 되는 과정'의 당사자가 되어 직접 몸의 모험에 나서는 것은 기술의 주권자로서 기술에 대해 생각해보는 것을 뜻합니다. 몸의 입장이 되어 '할 수 있게 된다'는 사건의 불가사의함에 대해 쓴 이 책이 모험을 떠나는 당사자들에게 단서가 되길 바랍니다.

마지막으로 이 책에 등장한 후루야 신이치, 가시노 마키오, 고이케 히데키, 우시바 준이치, 레키모토 준이치, 다섯 연구자들에게 새삼 감사를 전합니다. 저의 엉뚱한 질문도 전혀 개의치 않고 몇 시간씩이나 이야기를 들려주어서 정말로 감사합니다.

학술 세계에서는 문과와 이과가 손잡아야 한다고 그 중요성을 강조하지만, 실제로 협업을 성공시키기란 쉽지 않습니다. 이 책이 그 좋은 사례가 될지는 모르겠지만 애초에 이공계 연구자들이 저를 공동 연구와 대담에 불러주지 않았다면, 이런 시도 자체가 이뤄지지 않았을 것입니다. 아낌없는 환대에 진심으로 감사드립니다.

또한 인터뷰를 할 때마다 동행해준 편집자 야마모토 히로키 씨, 상상력을 자극하는 멋진 그림을 그려준 니시무라 쓰치카 씨, 친근감 있게 책을 만들어준 스기야마 겐타로 씨에게도 정말 많은 도움을 받았습니다. 감사합니다.

2022년 10월
이토 아사

프롤로그_'할 수 있게 되다'의 불가사의

1   https://ima-create.com/nup/

2   이토 아사 지음, 김경원 옮김, 『기억하는 몸』현암사 2020.

3   유발 하라리 지음, 김명주 옮김, 『호모 데우스』김영사 2017.

1장. 공식 바깥으로 몸을 데려다주는 기술 : 피아니스트를 위한 외골격

4   https://www.youtube.com/watch?v=l2jkkkVXjo0

5   岡田 暁生, 『ピアニストになりたい!: 19世紀 もうひとつの音楽史』春秋社
     2008, p.206.

6   앞의 책, p.105.

7   앞의 책, p.210.

8   ジャン=ジャック エーゲルディンゲル(著), 米谷 治郎·中島 弘二(譯), 『弟
     子から見たショパン 増補最新版』音楽之友社 2020, p.56. (원서: Jean-
     Jacques Eigeldinger, *Chopin vu par ses élèves*, FAYARD 2006)

2장. 나머지는 몸이 알아서 해준다 : 에이스 투수의 투구 분석

9   가시노 마키오·이토 아사 대담 '고유한 신체성과 원격 커뮤니케이션에 관해 생
     각하다' (https://sports-brain.ilab.ntt.co.jp/special13_2.html)

10   桑田 真澄·平田 竹男(箸), 『新·野球を学問する』新潮文庫 2013, p.139.

11   マイケル·ポランニー(箸), 高橋 勇夫(譯), 『暗黙知の次元』ちくま学芸文庫
     2003, p.18. (한국어판: 마이클 폴라니 지음, 김정래 옮김, 『암묵적 영역』박
     영스토리 2017, 절판)

12   앞의 책, p.32.

13   앞의 책, p.31-32.

14   ヒューバート L. ドレイファス·スチュアート E. ドレイファス(著), 椋田 直
     子(譯), 『純粋人工知能批判』アスキー 1987, p.43-65. (원서: Hubert L.
     Dreyfus·Stuart E. Dreyfus, *Mind Over Machine*, Free Press 1986)

15   앞의 책, p.75.

16 앞의 책. p.176-177.

17 앞의 책. p.65.

18 옮긴이 주: 일본의 교육철학자 이쿠타 구미코(生田 久美子)가 저서 『기술언어: 감각의 공유를 통한 '배움'으로(わざ言語: 感覚の共有を通しての「学び」へ)』(한국어판 미출간)에서 소개한 개념. 하버드대학교의 교육철학자인 버넌 하워드가 자신의 책 『Artistry: The Work of Artists』에서 사용한 "the languages of craft"에서 유래한 것으로 장인과 예술가 등이 자신의 기술을 전승하는 과정에서 자주 쓰는 독특한 언어 표현을 뜻한다.

19 生田 久美子·北村 勝朗(編著), 『わざ言語: 感覚の共有を通しての「学び」へ』慶應義塾大学出版会 2011, p.iv-v.

20 マイケル·ポランニー, 앞의 책, p.44. (한국어판: 마이클 폴라니, 앞의 책)

3장. 실시간 코칭 : 자신을 속이는 영상 처리

21 레베카 클라인버거(Rébecca Kleinberger) 등이 연구를 진행하고 있다. https://www.youtube.com/watch?v=UfhpjJMUR0Y

4장. 의식을 덮어쓰는 BMI : 가짜 꼬리의 뇌과학

22 Godden, D.R., & Baddeley, A.D., "Context-dependent memory in two natural environments: On land and underwater," *British Journal of Psychology*, 66, p.325-331, 1975.

5장. '나'와 '내가 아닌 것' 사이의 회색 지대 : 몸과 몸을 이어주는 목소리

23 暦本 純一(著), 『妄想する頭 思考する手』祥伝社 2021, p.16.

24 앞의 책, p.183-184.

25 윌리엄 깁슨 지음, 김창규 옮김, 『뉴로맨서』황금가지 2005.

26 暦本 純一(著), p.213-214.

몸은, 제멋대로 한다
: '할 수 있다'의 과학

초판 1쇄 발행	2025년 2월 27일
지은이	이토 아사
옮긴이	김영현
펴낸이	김효근
책임편집	김남희
펴낸곳	다다서재
등록	제2023-000115호(2019년 4월 29일)
전화	031-923-7414
팩스	031-919-7414
메일	book@dadalibro.com
인스타그램	@dada_libro

한국어판 ⓒ 다다서재 2025
ISBN 979-11-91716-38-2 03400